高等学校新工科应用型人才培养系列教材

C 语言程序设计实用教程

(第二版)

主　编　郭树强　郭晓利　李　佳

副主编　李航宇　李红刚　苏　畅　陈　伟

西安电子科技大学出版社

内 容 简 介

本书以培养学生程序设计能力和创新能力为目的，强调理论和实践并重，从精选要点到把握重点、克服难点、压缩冗点，内容紧密结合实践。全书共 11 章，从概述讲起，依次讲述数据类型、运算符与表达式，三种基本结构程序设计，数组，函数，编译预处理，指针，结构体与链表和文件等有关 C 语言程序设计的基础知识。

本书案例丰富，理实结合，既可作为大学本科教材，也可作为全国计算机等级考试的参考教材和高职高专相关专业教材，同时还可作为自学者学习 C 语言的参考书。

图书在版编目(CIP)数据

C 语言程序设计实用教程 / 郭树强，郭晓利，李佳主编. —2 版
. —西安：西安电子科技大学出版社，2020.6(2021.7 重印)
ISBN 978-7-5606-5677-9

Ⅰ. ①C… Ⅱ. ①郭… ②郭… ③李… Ⅲ. ①C 语言—程序设计—高等学校—教材
Ⅳ. ① T312.8

中国版本图书馆 CIP 数据核字(2020)第 076870 号

策划编辑 李惠萍
责任编辑 聂玉霞 雷鸿俊
出版发行 西安电子科技大学出版社(西安市太白南路 2 号)
电 话 (029)88202421 88201467 邮 编 710071
网 址 www.xduph.com 电子邮箱 xdupfxb001@163.com
经 销 新华书店
印刷单位 陕西天意印务有限责任公司
版 次 2020 年 6 月第 2 版 2021 年 7 月第 4 次印刷
开 本 787 毫米×1092 毫米 1/16 印 张 16
字 数 377 千字
印 数 6401～9400 册
定 价 38.00 元
ISBN 978-7-5606-5677-9 / TP
XDUP 5979002-4

前　　言

C 语言是国内外广泛使用的一种计算机语言，其语言功能丰富，表达能力强，使用灵活方便，应用面广，目标程序效率高，可移植性好。C 语言既具有高级语言的特点，又具有低级语言的特点；既可以编写系统软件，也可以编写应用软件。因此，学好 C 语言已成为广大学生的迫切需要。

本书是根据作者多年的教学实践经验，针对学生在学习 C 语言过程中遇到的实际困难，以适应学生的接受能力，全面提高学生的计算机应用综合素质为目的而编写的。本书的程序实现基于 Microsoft Visual C++ 2010 上机开发环境。此次修订，对第一版中的例题、部分内容和上机实验内容进行了重新整合和梳理，重点突出实验技能训练；每章后增加了本章小结，以概括本章的重点内容。全书把握重点，克服难点，压缩冗点，结构清晰，案例丰富，层次分明，通俗易懂。每章开头安排一个引例，通过某个问题或某个问题方案，引导学生进入课程内容，避免直接灌输式教学。每章结尾安排上机实验和练习题，实验内容以综合运用主要知识点为主线，激发学生浓厚的学习兴趣和独立编程能力。练习题部分可帮助学生巩固和复习所讲授内容。通过本书的学习，读者可以快速掌握 C 语言的基础知识，学会 C 语言的编程技术，提高解决实际问题的能力。

全书共 11 章：第 1 章概述，介绍 C 语言的结构、发展史、特点及其算法的表示方法等内容；第 2 章数据类型、运算符与表达式，主要介绍基本的数据类型、各类运算符与表达式；第 3 章顺序结构程序设计，主要讲解字符数据的输入输出、格式输入与输出及顺序结构程序设计；第 4 章选择结构程序设计，主要介绍 if 语句、switch 语句及选择程序设计；第 5 章循环结构程序设计，主要介绍三种循环语句、循环的嵌套及循环结构程序设计；第 6 章数组，主要介绍一维数组、二维数组、字符数组与字符串；第 7 章函数，主要介绍函数的定义与函数的使用；第 8 章编译预处理，主要介绍宏定义、文件包含及条件编译；第 9 章指针，主要介绍指针变量的定义与指针的应用；第 10 章结构体与链表，主要讲解结构体、链表、共用体和枚举类型；第 11 章文件，主要介绍文件的打开与关闭及对文件的各种操作。

本书由东北电力大学郭树强、郭晓利和吉林化工学院李佳担任主编，吉林电子信息职业技术学院李航宇和东北电力大学李红刚、苏畅、陈伟担任副主编。第 1、9 章由郭树强编写，第 3、4 章由郭晓利编写，第 5、11 章由李佳编写，第 6、7 章及附录由李航宇编写，第 8 章由陈伟编写，第 2 章由苏畅编写，第 10 章由李红刚编写。

本书既可作为大学本科教材，也可作为全国计算机等级考试的参考教材和高职高专相关专业教材，同时还可作为自学者学习 C 语言的参考书。

另外，本书提供配套的 PPT 课件、教案、书中源程序的代码和全部练习题答案，如果需要可与出版社联系。

由于编者水平有限，书中疏漏在所难免，敬请读者批评指正。

编　者

2020 年 4 月

目　　录

第 1 章　概　　述

本章要点

- C 语言程序的结构和特点；
- C 语言程序的基本符号与关键字；
- C 语言程序的编辑及运行。

学习方法建议

学习本章内容应该从简单 C 语言程序入手，重点掌握 C 语言程序的特点、C 语言程序中的基本符号与关键字，以及编辑、运行 C 语言程序的简单方法。

1.1　引　　例

C 语言是当今世界上最为流行、面向过程的程序设计语言之一。它功能强大、可读性好、可移植性强，具有高级语言的所有优点，同时又具有低级语言的功能，如可以直接处理字符、位运算、地址和指针运算等。在结构上它具有模块化、结构化的特征，既可以用来编写应用软件，又可以用来编写系统软件。C 语言是一种成功的描述语言，也是一种实用的程序设计语言。

下面通过几个简单的例子来说明 C 语言的组成。

【例 1.1】　在计算机屏幕上输出“Hello!”。

源程序：

```
#include "stdio.h"              /*编译预处理命令*/
void main()
{
    printf("Hello! \n");        /*输出“Hello!”*/
}
```

运行结果：

```
Hello!
```

例 1.1 是一个最简单的 C 语言源程序，其中 main()是主函数，main 是函数的名称。用

{}括起来的内容是函数体，函数体应由若干条语句组成，这是计算机要执行的部分，每条语句以分号“;”结束。/*…*/之间的内容是语句的注释部分，供阅读程序使用。计算机并不执行注释部分的内容，编程时，为了使程序易读，应养成加注释的习惯。

【例 1.2】 用自定义函数求两个数中的最大值并输出。

源程序：

```
max(int x,int y)          /*对 max 函数的定义*/
{    int z;
     if(x>y)   z=x;
     else   z=y;
     return(z);
}
#include "stdio.h"        /*编译预处理命令*/
void main()
{
     int a,b,c;
     a=2;b=6;
       c=max(a,b);        /*调用自定义函数 max*/
       printf("max=%d\n",c);
}
```

运行结果：

```
max=6
```

同例 1.1 相比，例 1.2 除含有 main()函数外，还增加了函数 max(int x,int y)，整个程序由主函数 main()和函数 max(int x,int y)构成。需要说明的是，main()函数是程序执行的入口点，无论程序包含多少个函数，程序都从 main()开始执行。

1.1.1　C 语言程序的结构

从以上例子可以看出，C 语言程序的结构如下：

(1) C 语言程序是由函数构成的，一个源程序可以包含若干个函数，但必须有且只有一个函数为主函数 main()，一个程序总是从主函数开始执行。

(2) 函数可以自定义，也可以调用 C 语言已有的库函数。

(3) 函数一般都有函数体。函数体用花括号“{}”包含，从左花括号“{”开始，到右花括号“}”结束；函数体中有定义(或说明)和执行两大部分语句。

(4) 每一语句以分号“;”结束。

(5) 书写格式自由，可以在一行的任意位置书写；一行可以写一个语句，也可以写多个语句。因此，要注意养成良好的书写习惯，使程序便于阅读。

(6) 注释用“/* */”表示，两个星号之间的内容为注释部分，编译时系统对注释部分不做处理。

1.1.2 C语言程序的发展史

在计算机技术的发展过程中，开发性能卓越的操作系统是技术人员不断追求的目标。在众多的操作系统中，UNIX 是成功的典范。为描述和实现 UNIX 操作系统的需要，美国贝尔实验室的 Ken Thompson 以 BCPL 语言为基础，于 1970 年开发了 B 语言，并用 B 语言编写了 UNIX 操作系统。1972—1973 年，贝尔实验室的 M. D. Ritchie 在 B 语言的基础上设计出 C 语言。1973 年，他和 K. Thompson 合作，用 C 语言将 UNIX 操作系统 90%以上的源代码重新改写。UNIX 操作系统的一些主要特点，如可读性强、易于修改、具有良好的可移植性等，在一定程度上得益于 C 语言，所以 UNIX 操作系统的成功与 C 语言是密不可分的。

最初的 C 语言附属于 UNIX 的操作系统环境，而它的产生却可以更好地描述 UNIX 操作系统。现在的 C 语言已独立于 UNIX 操作系统，成为微型、小型、中型、大型和超大型(巨型)计算机上通用的一种程序设计语言。M. D. Ritchie 和 K. Thompson 也因他们在 C 语言和 UNIX 系统方面的卓越贡献获得了很高的荣誉。1983 年，他们获得了计算机界的最高荣誉奖——图灵奖。

随着计算机应用领域的不断扩大，作为人与计算机进行信息交流工具之一的 C 语言同样得到了迅速的发展。从最初的只是为描述和实现 UNIX 操作系统而设计的一种程序设计语言，到后来成为风靡全球的面向过程的计算机程序设计语言，C 语言取得了相当大的成功，成为世界上应用最广泛的几种计算机语言之一。

1.1.3 C语言程序的特点

C 语言具有多方面的特点，可大致归纳如下。

1．语言表达能力强

C 语言是一种通用的程序设计语言，不局限于某个机器或某个操作系统。C 语言具有丰富的运算符，除了具有一般高级语言所能处理的算术运算和逻辑运算外，还可以直接进行通常由硬件实现的对位、字节、地址及寄存器等的操作，因此在系统程序的设计中很有效，有“高级汇编语言”之称，以致足以取代汇编语言来编制各种系统软件和应用软件。

2．语言简洁

用 C 语言编写的程序通常比用其他高级语言编写的程序更简练，代码行更少。

C 语言中类型说明符采用缩写形式，如整型用 int，而不用 integer；字符型用 char，而不用 character 等。

C 语言中关键字较少，只有 32 个标准关键字、44 个标准运算符以及 9 种控制语句，而有些关键字又可用简单的符号代替，如循环语句中的循环体可以采用花括号{ }作为定界符。

C 语言没有专门的输入/输出语句，输入/输出操作通过函数调用完成，它的许多功能都可以通过函数调用来完成。因此，C 语言的组成精练、简洁，使用方便、灵活。

另外，C 语言程序在运行时所需要的支持少，占用的存储空间也小。

3. 数据类型丰富

C 语言提供了丰富的数据类型，除了基本的数据类型(例如整型、实型、字符型等)之外，还提供了构造的数据类型(例如数组、结构体、共用体和枚举等)。这些构造数据类型是在基本类型基础上按结构化的层次构造方法构造出来的，使用这些构造数据类型可以很方便地实现各种复杂的数据结构(例如链表、栈、树、图等)的操作。

4. 代码执行效率高

许多高级语言相对汇编语言而言其代码的执行效率要低得多，但 C 语言则不然，用 C 语言描述一个问题，其代码执行效率比用汇编语言描述同一个问题只低 10%～20%。

5. 程序的可移植性好

程序的可移植性是指在一个环境中运行的程序不加或稍加改动后，可在另一个完全不同的环境中运行。汇编语言是依赖于机器硬件的，用汇编语言编写的程序一般不可移植，而有些高级语言，因它们的编译程序不可移植，进而影响了用它们编写的程序的可移植性。而 C 语言的编译程序可移植，因此用 C 语言编写的程序也可移植。

6. C 语言是一种结构化的程序设计语言

C 语言具有顺序、选择和循环 3 种基本控制结构，它的各种控制语句如 if、while、for、switch、break 等功能灵活，足以描述结构良好的程序。C 语言的代码和数据分隔特性(使用全局变量和局部变量)、代码块分隔特性(将一组语句放在一对花括号中)在功能上有助于数据隐蔽；C 函数的独立性有助于进行模块化程序设计。

虽然 C 语言有许多优点，但也存在一些不足之处，如语法限制不太严格、类型检验太弱以及不同类型数据转换比较随意，这就要求程序员对程序设计的方法和技巧更熟练，以保证程序的正确性。

1.2 C 语言的基本符号与关键字

1.2.1 字符集

字符集是构成 C 语言的基本元素。用 C 语言编写程序时，除字符型数据外，其他所有成分必须由字符集中的字符构成。C 语言的字符集由下列字符构成：

(1) 英文字母：A～Z，a～z。

(2) 数字字符：0～9。

(3) 特殊符号如下：

空格　!　%　*　&　^　_(下划线)　+　=　-　~

<　>　/　\　'　"　;　.　,　()　[]　{}

1.2.2 关键字

关键字是 C 语言已经定义的、具有特殊功能和含义的单词、单词缩写或者单词组合。

以下列出的是 C 语言的关键字：

auto	break	case	char	const
continue	default	do	double	else
enum	extern	float	for	goto
if	int	long	register	return
short	signed	sizeof	static	struct
switch	typedef	unsigned	union	void
volatile	while			

1.2.3　用户标识符

用户标识符即用户根据需要自己定义的变量名、常量名、函数名、数组名等。C 语言的用户标识符必须按以下规则命名：

(1) 必须以英文字母或下划线开始，并由字母、数字或下划线组成。例如，chABC、intX、a1 等都是合法的标识符，而 5Str、-chabc、+intJ 等则是非法的标识符。

(2) 每个标识符可以由多个字符组成，但只有前 8 个标识符为有效标识符。

(3) 大写字母和小写字母代表不同的标识符。例如，abc 和 ABC 是两个不同的标识符。

(4) 不能使用 C 语言的关键字作为用户标识符。

1.2.4　ASCII 字符集

在计算机中，所有的信息都用二进制代码表示。二进制编码的方式较多，应用最为广泛的是 ASCII 码。现在人们使用的字符在计算机中就是以 ASCII 码方式存储的。

ASCII 码是美国标准信息交换码(American Standard Code for Information Interchange)。它已被国际标准化组织(ISO)认定为国际标准，详见附录 1。

1.3　算法及其表示

1.3.1　算法的概念和特征

算法是指为了解决某个特定问题而采用的确定且有效的步骤。计算机算法可分为两大类：数值运算和非数值运算。数值运算的目的是求数值解，如求方程的根、圆的面积、n 的阶乘等，都属于数值运算。非数值运算的应用十分广泛，主要用于事务管理，如人事管理、图书管理、学籍管理等。

算法有以下 5 个特性：

(1) 有穷性。一个算法应当包含有限个操作步骤，也就是说，在执行若干个操作之后，算法将结束，而且每一步都在合理的时间内完成。

(2) 确定性。算法中的每一条指令必须有确切的含义，不能有二义性，对于相同的输入必须能得出相同的结果。

(3) 有效性。算法中的每一步都应当有效执行，并得到确定的结果。例如，“若 b=0，则执行 a/b”，而这一步是不能有效执行的。

(4) 有零个或多个输入。计算机实现算法所需要的处理数据，有些程序在执行时需要通过输入数据得到输出，而有些程序不需要输入数据。

(5) 有一个或多个输出。算法的目的是求解(结果)，结果要通过输出得到。

1.3.2　算法的组成要素

算法包含以下两大要素。

1．操作

每个操作的确定不仅取决于问题的需求，还取决于它们取自哪个操作集，与使用的工具系统有关。计算机算法要由计算机实现，组成它的操作集是计算机所能进行的操作。在高级语言中所描述的操作主要包括各种运算，如算术运算、关系运算、逻辑运算、函数运算、位运算和 I/O 操作等。计算机算法是由这些操作组成的。

2．控制结构

每一个算法都是由一系列的操作组成的。同一操作序列，不同的执行顺序，就会得出不同的结果。控制结构即如何控制组成算法的各操作执行的顺序。在结构化程序设计中，一个程序只能由 3 种基本控制结构组成。这 3 种基本控制结构可以组成任何结构的算法，解决任何问题。

3 种基本控制结构如下：

(1) 顺序结构。顺序结构中的语句是按书写的顺序执行的，即语句执行顺序与书写顺序一致。这是一种最简单的结构，不能处理复杂问题。

(2) 选择结构。最基本的选择结构是当程序执行到某一语句时，要进行判断，从两种路径中选择一条。计算机的判断能力就是通过选择结构来实现的。

(3) 循环结构。利用循环结构可以将一条或多条语句重复执行若干次。这种结构充分利用了计算机速度快的优势，将复杂问题用循环结构来实现。

1.3.3　算法的表示

算法可以用各种描述方法进行描述，常用的有自然语言、伪代码、传统流程图和 N-S 流程图等。传统流程图由图 1-1 所示的几种基本框图组成。

图 1-1　传统流程图的基本符号

【例 1.3】　求 5! 的算法(要求用传统流程图表示)，如图 1-2 所示。

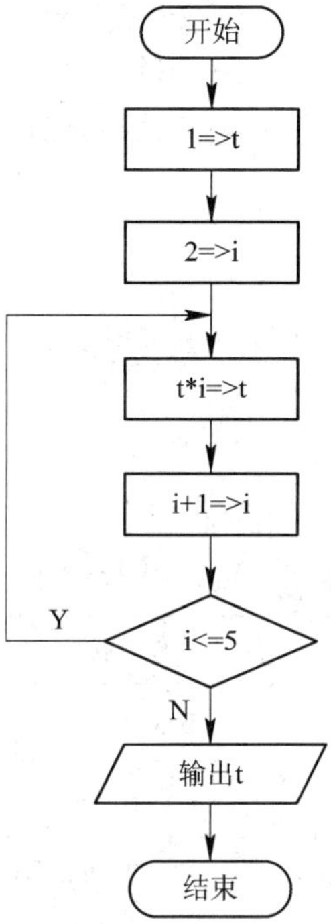

图 1-2　5! 传统流程图

传统流程图用流程线指明各个框的执行顺序。因对流程线没有严格的限制，所以使用者可以随心所欲地使用流程线，但过多地使用流程线，流程图会显得杂乱无章。虽然用传统流程图表示算法直观形象，能比较清楚地表示各个框的逻辑关系，但是传统流程图的描述要占用大量的篇幅，尤其是面对比较复杂的程序时，大量的流程线如同乱麻，阅读费时费力。

1973 年，美国学者 I. Nassi 和 B. Shneiderman 提出了一种新的流程图形式。在这种流程图中，完全取消了带箭头的流程线，全部算法写在一个矩形框内，这种流程图被称为 N-S 图。

N-S 流程图的 3 种基本结构如图 1-3 所示。

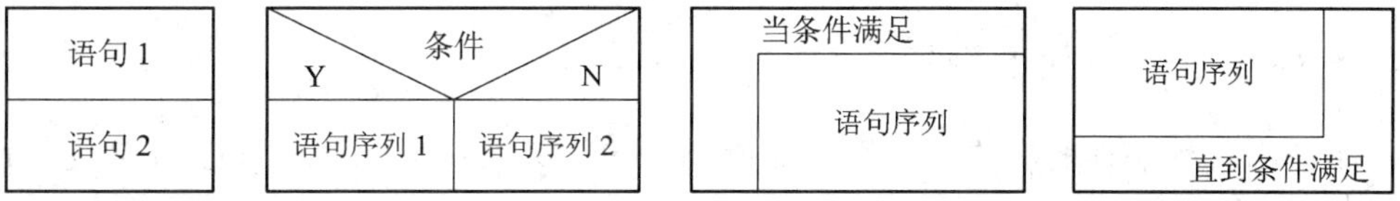

(a) 顺序结构　(b) 选择结构　(c) 当型循环结构　(d) 直到型循环结构

图 1-3　N-S 流程图的 3 种基本结构

以上 3 种基本结构有如下共同的特点：

(1) 只有一个入口。

(2) 只有一个出口。

(3) 无死语句，即不存在永远都执行不到的语句。

(4) 无死循环，即不存在永远都执行不完的循环。

已经证明，以上3种基本结构组成的算法结构可以解决任何复杂的问题。

【例1.4】　求Fibonacci数列的前20个数。这个数列有如下特点：第1、2项均为1，从第3项开始，每一项是前两项之和；其公式表达如下：

$$f_1 = 1 \quad (n = 1)$$

$$f_2 = 1 \quad (n = 2)$$

$$f_n = f_{n-1} + f_{n-2} \quad (n \geqslant 3)$$

分析：已知第1个数为$f_1 = 1$，第2个数为$f_2 = 1$。其算法是：通过f_1和f_2求出下一对数，即新的f_1和f_2(迭代)。计算公式是：$f_1 = f_1 + f_2$；$f_2 = f_2 + f_1$。已给出第1对数，只需再求出其余9对即可。

根据此思路，画出N-S流程图，如图1-4所示。变量i用来控制循环的次数，当i的值小于或等于10时，执行循环体。每次执行循环都会求出两个数据项。

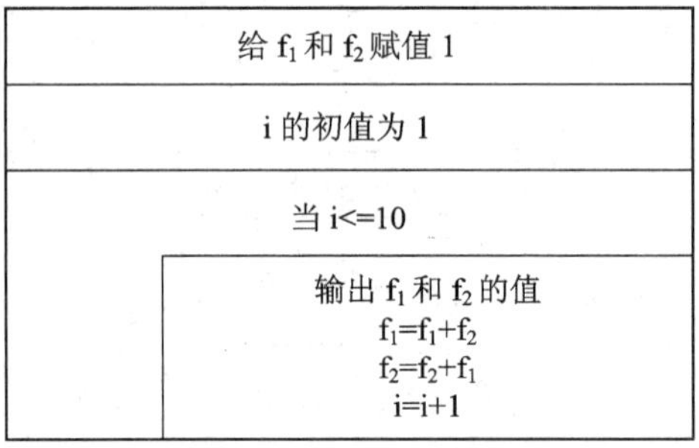

图1-4　例1.4的N-S流程图

1.4　C语言程序的开发与运行

要运行一个C语言程序，必须经过源程序的编辑，通过语言编译器生成目标文件，再经过连接生成可执行文件，只有这样的C语言程序才能运行。所谓源程序，即程序设计者按照一定的语言规范编写的原始数据代码，是程序的最基本数据，也称源文件。一般源程序都是ASCII码文本，故也称为源代码。

1.4.1　C语言程序的开发过程

运行C语言程序一般需要一个运行环境，例如，可以在Microsoft Visual C++ 2010所提供的集成环境中运行。下面以Microsoft Visual C++ 2010集成环境为例，说明一个C语言程序的开发过程。

1. 编辑源程序

设计好的源程序要利用程序编辑器输入到计算机中，输入的程序一般以文本文件的形式存放在磁盘上，文件的扩展名为.c。所用的编辑器可以是任何一种文本编辑软件，比如Turbo C 和Microsoft Visual C++ 2010这样的专用编辑系统，或是Windows系统提供的写字板或字处理软件等都可以用来编辑源程序。

2. 编译源程序

源程序是无法直接被计算机执行的，因为计算机只能执行二进制的机器指令，这就需要把源程序先翻译成机器指令，然后计算机才能执行翻译好的程序，这个过程是由 C 语言的编译系统完成的。源程序编译之后生成的机器指令程序叫目标程序，其扩展名为.obj。

3. 连接程序

在源程序中，输入/输出等标准函数不是用户自己编写的，而是直接调用系统函数库中的库函数。因此，必须把目标程序与库函数进行连接，才能生成扩展名为.exe 的可执行文件。

4. 运行程序

执行 .exe 文件，得到最终结果。

在编译、连接和运行程序过程中，都有可能出现错误，此时可根据系统给出的错误提示对源程序进行修改，并重复以上环节，直到得出正确的结果为止。

1.4.2　Microsoft Visual C++ 2010 的集成开发环境

Microsoft Visual C++ 2010 是微软公司的 C++ 开发工具，具有集成开发环境，可提供编辑 C 语言、C++以及 C++/CLI 等编程语言。

在 Microsoft Visual C++ 2010 下，如何运行 C 语言程序？主要包括以下 3 部分。

第一步，建立项目。

(1) 启动 Microsoft Visual C++ 2010。打开 Microsoft Visual C++ 2010 学习版应用程序，然后选择“新建项目”，如图 1-5 所示。

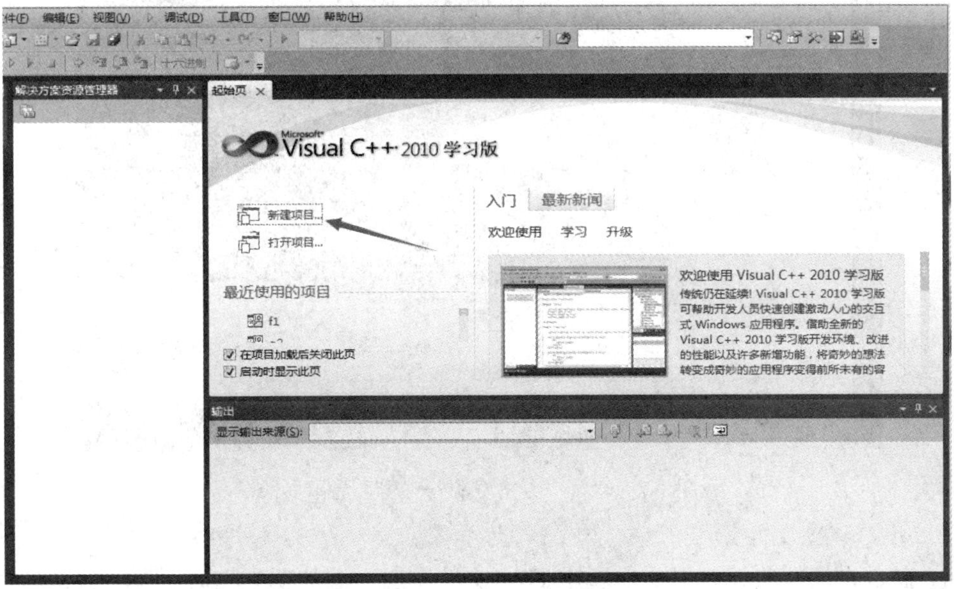

图 1-5　Visual C++ 2010 界面

(2) 在打开的“新建项目”对话框中，选择 CLR 空项目，并输入新建项目的名称，如图 1-6 所示，单击“确定”按钮。

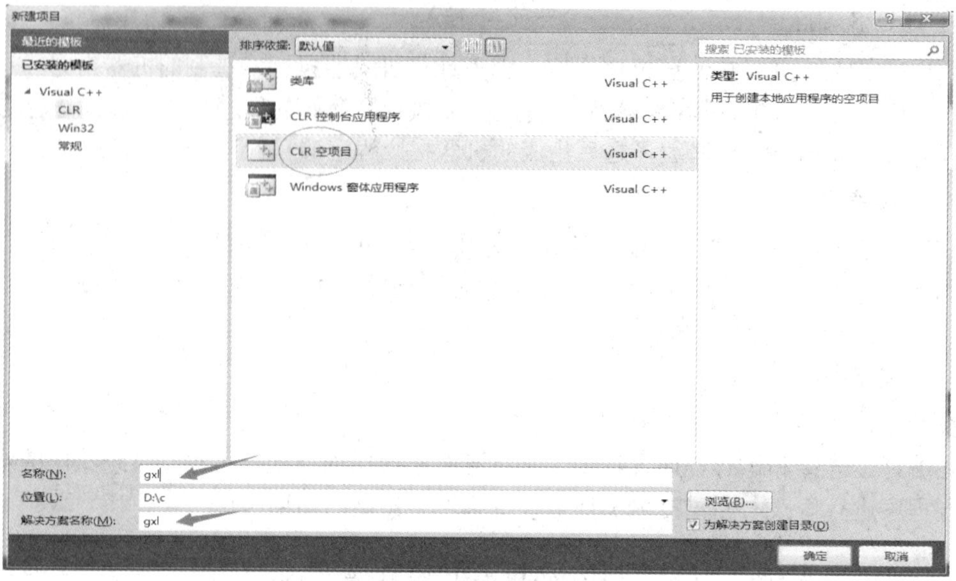

图 1-6　“新建项目”对话框

(3) 项目建立完成，可在左边看到窗口“解决方案资源管理器”，下面显示了已建立项目的名称。在窗口的“解决方案资源管理器”中找到“源文件”，在“源文件”上单击鼠标右键，打开快捷菜单，选择“添加”→“新建项”，如图 1-7 所示。

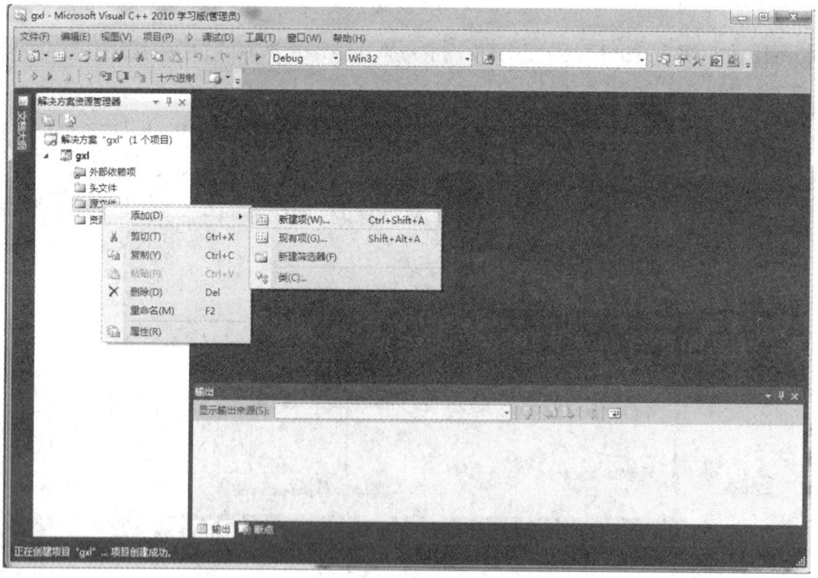

图 1-7　“解决方案资源管理器”显示界面

第二步，建立文件。

(1) 在“添加新项”对话框中选择 C++ 文件，在“添加新项”对话框下方“名称”这一行填写想要建立的文件的名称。单击“添加新项”对话框右下方的“添加”按钮。如图 1-8 所示。

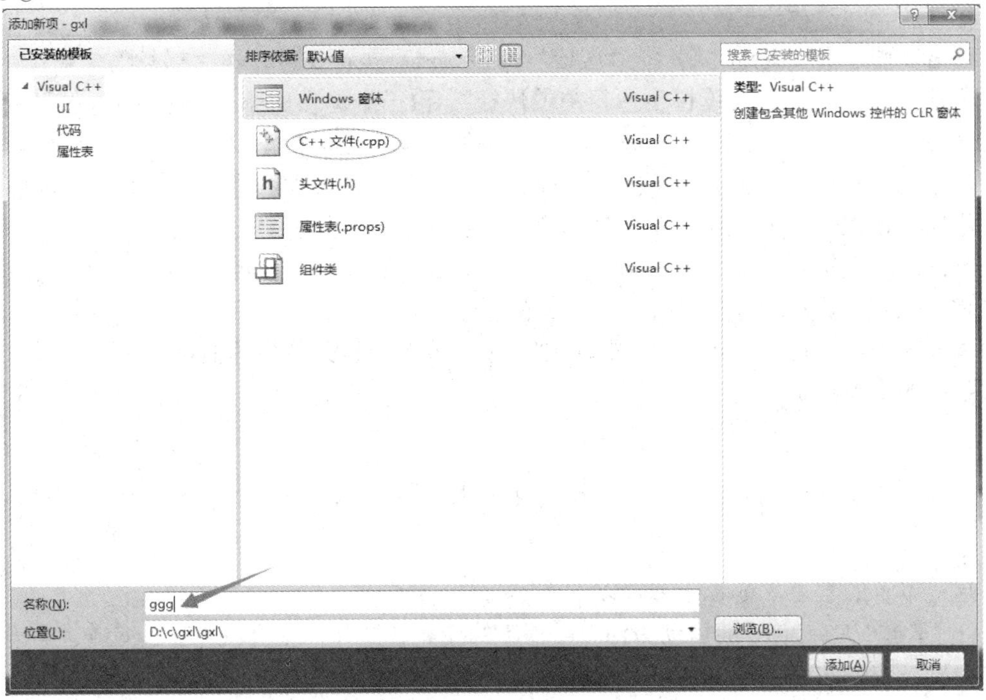

图 1-8　“添加新项”对话框

(2) 这时出现编辑窗口，在编辑窗口左上方显示了已经命名的文件名，在编辑窗口中可以编写 C 语言源程序。如图 1-9 所示。

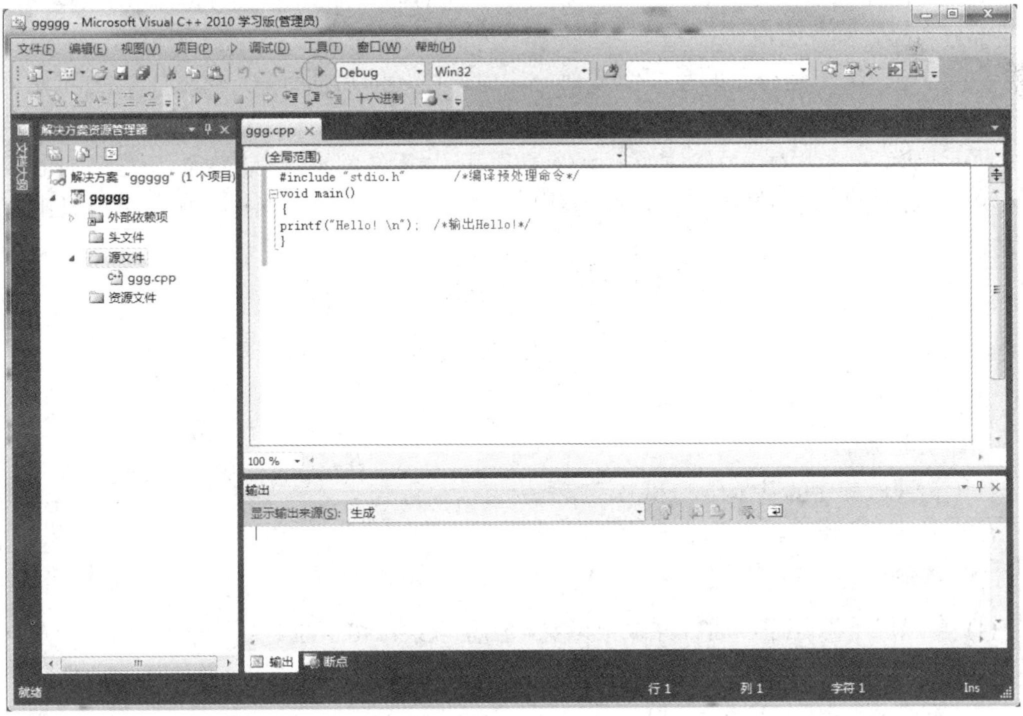

图 1-9　编辑窗口

第三步，运行程序。

C 语言程序需要经过“编译”“连接”才能生成可执行文件，再“运行”。

方法一：可以单击菜单栏下一行中的快捷按钮(一个向右的小三角箭头)运行程序。这种方法经过“编译”“连接”，生成了可执行文件。有可能运行窗口一闪而过，这样运行程序的效果跟直接运行其生成的可执行文件类似，没有自动添加断点查看运行结果，但是如果在程序中设置了一个输入，那么有可能看到运行窗口停留。

方法二：直接使用快捷键 Ctrl + F5。这种方法会将源程序“编译”“连接”，生成可执行文件，并且在显示运行窗口时会自动让窗口停留。

★补充说明：在菜单“工具”→“设置”中可以调整菜单栏的显示。基本设置和专家设置显示的菜单栏是不同的。

本 章 小 结

通过本章的学习，读者应掌握以下内容：

(1) 掌握 VC++2010 的启动方法、C 程序的新建、打开、编辑、保存、编译、连接、运行等上机操作方法。

(2) 掌握 C 程序的构成。简单 C 程序只有一个 main( )函数，而复杂的程序可以包含一个 main( )函数和若干其他函数，因此，函数是 C 程序的基本单位。一个函数由两部分组成，一部分是函数的首部，也就是函数的第一行，包括函数名、函数类型、函数参数(形参)名、参数类型等；另一部分是函数体，即函数首部下面的花括号{　}内的部分，函数体一般由声明部分和执行部分组成。

(3) 语句。语句是程序的重要组成部分，每个语句的后面都有一个分号，分号是语句的组成部分，每个语句都有其规定的语法和功能。

(4) 注释。C 中用/*…*/作注释，此处“/”和“*”之间不能有空格。源程序加上必要的注释，可以增加程序的可读性，注释可以放在任何空格、制表符或换行符可以出现的位置。

上 机 实 验

一、实验目的

(1) 掌握 C 程序的基本结构和书写格式。

(2) 学会调试和运行 C 语言程序。

二、实验内容

(1) 输入以下源程序，运行并改正错误，注意观察出错信息。

```
/**************exl.c**************/
#include  (stdio.h);
void main()
```

```
    int c;
    a=23,b=2;
    c=a*b;
    printf("the result is %d",c);
    }
```

(2) 将上述程序修改如下，观察运行结果。

```
/*************ex2.c*************/
#include "stdio.h";
void main()
{   int a,b,c;
    a=23,b=2;
    c=a*b;
    printf("the result is %d",c);
}
```

(3) 改正下面程序中的错误(以下程序用来求球的体积)。

```
/*************ex3.c*************/
#include   stdio.h;
define   PI   3.14159;
void main ;
float r,v;
r=5.0;
s=4/3*pi*r*r*r;
printf("%f\n",v)
```

练 习 题

一、填空题

1. 下列属于合法的用户标识符的是(　　)。

A) _w1　　B) 3_xy　　C) int　　D) LINE-3

2. 一个 C 语言程序是由(　　)。

A) 一个主程序和若干子程序组成　　B) 函数组成

C) 若干过程组成　　D) 若干子程序组成

3. 结构化程序所规定的 3 种最基本控制结构是(　　)。

A) 输入、处理、输出　　B) 树型、网型、环型

C) 顺序、选择、循环　　D) 主程序、子程序、函数

4. C 语言规定，在一个源程序中，main 函数的位置(　　)。

A) 必须在最开始　　B) 必须在系统调用的库函数的后面

C) 可以任意　　D) 必须在最后

5. 一个 C 语言程序总是从(　　)开始执行。

A) 书写顺序的第一个函数　　B) 书写顺序的第一条执行语句

C) 主函数 main()　　D) 不确定

6. 下列给出的符号串中不属于 C 语言关键字的是(　　)。

A) struct　　B) void　　C) go　　D) const

7. 编辑程序是(　　)。

A) 建立并修改程序　　B) 将 C 源程序编译成目标程序

C) 调试程序　　D) 命令计算机执行指定的操作

8. 以下叙述正确的是(　　)。

A) C 程序必须有输入操作和输出操作

B) C 程序可以没有输出操作但必须有输入操作

C) C 程序可以没有输入操作但必须有输出操作

D) C 程序既没有输入操作也没有输出操作

9. 下列属于合法的 C 语言用户标识符的是(　　)。

A) void,define,WORD　　B) a3_b3,_123,IF

C) FOR,--abc,Case　　D) 2a,Do,Sizeof

10. 以下叙述不正确的是(　　)。

A) 一个 C 源程序可由一个或多个函数组成

B) 一个 C 源程序必须包含一个 main 函数

C) C 程序的基本组成单位是函数

D) 在 C 程序中，注释说明只能位于一条语句的后面

二、填空题

1. C 语言源程序文件名的后缀是________，经过编译后，生成文件的后缀是________，经过连接后，生成文件的后缀是________。

2. 用户标识符命名的规则是____________________。

3. 算法的特征是_________、_________、_________、_________、_________。

4. 在一个 C 语言源程序中，注释部分两侧的分界符分别为_________和_________。

5. C 语言源程序的语句分隔符是_________。

第 2 章　数据类型、运算符与表达式

本章要点

- 基本数据类型；
- 常量和变量；
- 算术运算符和算术表达式；
- 关系运算符和关系表达式；
- 逻辑运算符和逻辑表达式；
- 赋值运算符和赋值表达式；
- 逗号运算符和逗号表达式；
- 数据类型转换。

学习方法建议

本章主要内容是基本概念和定义，大部分内容需要记忆，学习时应注意归纳，列出记忆要点。本章需重点掌握基本数据类型、各种运算符和表达式的用法。本章的难点是自增/自减运算符的用法。

2.1　引　例

1．问题分析——计算圆周长

假设用 r 表示圆的半径，若半径的值为 10，利用公式 p=2πr，计算圆周长。

2．程序代码

源程序：

```
#include "stdio.h"
#define PI 3.1415926                /*定义符号常量 PI*/
void main()
{
    double r,p;                     /*定义变量 r 和 p 分别保存圆的半径和周长*/
    r=10;                           /*半径赋值为 10*/
```

```
    p=2*PI*r;                  /*计算圆周长*/
    printf("%f\n",p);          /*输出圆周长*/
}
```

运行结果：

```
62.831852
```

3. 程序说明

(1) C 语言将数据分为常量和变量。常量是指在程序执行过程中，其值不发生变化的量，本例中 PI、2 和 10 就是常量，其中 PI 是符号常量。

(2) 变量是指在程序运行过程中其值可以变化的量，本程序中的 r 和 p 是变量。

(3) 习惯上，符号常量名用大写，变量名用小写。

2.2　常 量 与 变 量

C 语言可以处理的数据类型有很多，可分为基本类型、构造类型、指针类型和空类型。C 语言的所有数据类型如图 2-1 所示。

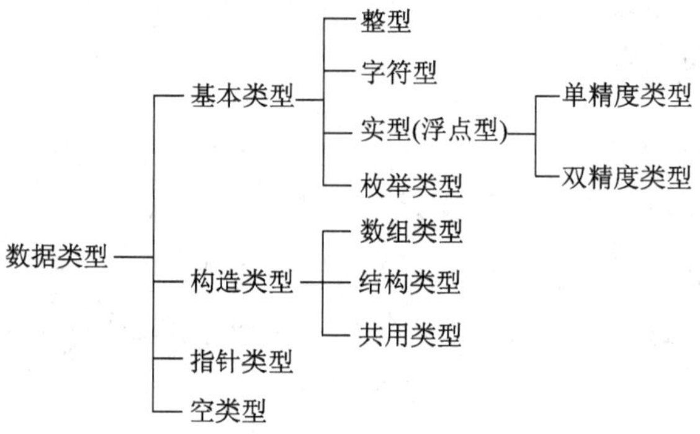

图 2-1　数据类型

2.2.1　常量

在程序运行过程中，其值不能被改变的量称为常量。在 C 语言中，常量有不同的类型，如整型常量、实型常量、字符型常量、字符串常量和符号常量等。

整型常量和实型常量统称为数值型常量，它们有正值和负值的区分。整型常量只用数字和正负号表示，不含小数点，如 5、−8、0 等；实型常量通常用带小数点的数表示，如 2.5、−1.98 等；字符型常量是用单引号括起来的一个字符，如 'a' 和 'b' 等；字符串常量是用双引号括起来的若干个字符的字符序列，如 "abc" 、 "this is a book" 等。

另外，还可以用标识符(即符号)来表示常量，称这种标识符为符号常量。在 C 语言中有以下两种方法定义符号常量：

(1) 使用编译预处理命令 define。例如，#define PI 3.14159。

(2) 使用常量说明符 const。例如，const float PI=3.14159。

2.2.2　变量

变量是指在程序运行过程中其值可以被改变的量。定义变量的一般形式如下：

类型名　变量名 1，变量名 2，…，变量名 n；

其中变量名由编程者自己给出，但必须遵循标识符的命名规则。

在 C 语言中，要求对所有用到的变量作强制定义，也就是“先定义，后使用”，这样做的目的如下：

(1) 凡未被事先定义的，系统不把它认作变量名，这就能保证程序中变量名使用得正确。例如，如果在声明部分有以下语句：

```
int student;
```

而在执行语句中错写成 stadent。例如：

```
stadent=30;
```

在编译时检查出 stadent 未经定义，不作为变量名，因此输出“Undefined symbol 'stadent' in function main”的信息，提醒用户检查错误，避免使用变量名时出错。

(2) 每一个变量被指定为一个确定类型，在编译时就能为其分配相应的存储单元。

(3) 指定每一变量属于一个类型，这就便于在编译时据此检查在程序中要求对该变量进行的运算是否合法。例如，整型变量 a 和 b，可以进行求余运算，其表达式如下：

```
a%b;
```

其中，%是求余，得到 a/b 的余数。如果将 a、b 指定为实型变量，则不允许进行求余运算，在编译时会给出有关出错信息。

下面分别介绍整型、实型(浮点型)和字符型数据等内容。

2.3　整 型 数 据

2.3.1　整型常量

整型常量的 3 种表示形式如下：

(1) 十进制数表示形式：如 23、0、–16。

(2) 八进制数表示形式：以 0 开头是八进制数，如 023，即八进制数的 23(相当于十进制数的 19)。

(3) 十六进制数表示形式：以 0x 开头作为十六进制数，如 0x23，即十六进制数的 23(相当于十进制数的 35)。

2.3.2　整型变量

整型变量的基本类型符为 int。可以根据数值的范围将变量定义为基本整型、短整型或长整型。因此有以下 3 种整型变量：

(1) 基本整型，以 int 表示。

(2) 短整型，以 short [int]表示。

(3) 长整型，以 long [int]表示。

若在上述 3 种类型前再加上无符号整型标记 unsigned，则只能用来存储无符号整数。于是，又有下列类型的整型变量：

(1) 无符号基本整型，以 unsigned [int]表示。

(2) 无符号短整型，以 unsigned short [int]表示。

(3) 无符号长整型，以 unsigned long [int]表示。

上面的方括号表示其中的内容是可选的，既可以有，也可以没有。

无符号数整型变量在存储单元中的全部二进制位都用来存放数据本身，而没有符号位，即不能存放负数。一个无符号整型变量刚好是其有符号数表示范围的上界与下界绝对值之和。

表 2-1 列出了 VC++ 中定义的整型数所占的字节数和数值范围，其中方括号中的单词可以省略。

表 2-1　整型变量数据的取值范围

整型数据类型	所占位数	所占字节数	数的表示范围
signed [int]	32	4	–2 147 483 648～214 748 367，即 $-2^{31}\sim2^{31}-1$
signed short [int]	16	2	–32 768～32 767，即 $-2^{15}\sim2^{15}-1$
signed long [int]	32	4	–2 147 483 648～214 748 367，即 $-2^{31}\sim2^{31}-1$
unsigned [int]	32	4	0～4 294 967 295，即 $0\sim2^{32}-1$
unsigned short [int]	16	2	0～65 535，即 $0\sim2^{16}-1$
unsigned long [int]	32	4	0～4 294 967 295，即 $0\sim2^{32}-1$

注意：

- 在一个整型常量后加一个字母 u 或 U，则认为是 unsigned int 型，如 123u。
- 在一个整型常量后加一个字母 l 或 L，则认为是 Long int 型，如 0L、123L。

【例 2.1】　短整型数据的溢出。

源程序：

```
#include <stdio.h>
void main()
{
    short int a,b;
    a=32767;
    b=a+1;
    printf("a=%d,b=%d\n",a,b);
}
```

运行结果：

```
a=32767,b=-32768
```

从运行结果可以看出，一个短整型变量数据取值范围为 –32 768～32 767，无法表示小于 –32 768 或大于 32 767 的数。遇到这种情况就发生“溢出”，但运行不报错。它好像汽车里程表一样，达到最大值以后，又从最小值开始计数。所以 32 767 加 1 得不到 32 768，而得到 −32 768。

2.4　实 型 数 据

2.4.1　实型常量

在 C 语言中实型常量又称实数或浮点数，有如下两种表现形式：

(1) 十进制形式。它由整数、小数点和小数 3 部分组成。当整数部分为 0 或小数部分为 0 时都可省略，但小数点不能省略。例如，3.14、10.8、123.、.12、0.0 等都是十进制数的表示形式，但该种表示形式不适合表示太小或太大的数。

(2) 指数形式。它由尾数、大写字母 E(或小写字母 e)、整型指数 3 部分组成，适合表示比较小或比较大的数。字符 E 前必须有数字，且 E 后的指数必须为整数。例如，3.0E + 5 或 3.0e + 5 都表示 3.0×10^5，1.23E − 2 表示 1.23×10^{-2} 或 0.0123。

注意：

- 字母 e 或 E 之前(即尾数部分)必须有数字。
- 字母 e 或 E 后面的指数部分必须是整数。

例如，e−3、9.5e3.1、e6 都是不合法的。

2.4.2　实型变量

实型变量又称为浮点型变量，按能够表示数的精度又分为单精度(float 型)、双精度(double 型)和长双精度(long double 型)3 种。在 VC++ 中有关浮点型的数据如表 2-2 所示。

表 2-2　浮点型数据

类　型	所占位数	所占字节数	有效数字	数值范围
float	32	4	6～7	-3.4×10^{-38}～3.4×10^{38}
double	64	8	15～16	-1.7×10^{-308}～1.7×10^{308}
long double	128	16	18～19	-1.2×10^{-4932}～1.2×10^{4932}

对每一个浮点型变量都应在使用前加以定义，示例如下：

```
float a,b;          /*定义 a,b 为单精度浮点数*/
double z;           /*定义 z 为双精度浮点数*/
long double t;      /*定义 t 为长双精度浮点数*/
```

2.5　字 符 型 数 据

2.5.1　字符常量

C 语言中把用一对单引号括起来的单个字符称为字符常量。例如，'a'、'A'、'1' 等，其

中 'a' 和 'A' 是两个不同的字符常量。一个字符常量的值是该字符集中对应的编码值。例如，在 ASCII 字符集中，字符常量 '0'～'9' 的 ASCII 编码值是 48～57。显然，'0' 与数字 0 是不同的。

C 语言还有一种特殊形式的字符常量，即转义字符型常量。转义字符常量以反斜杠“\”开头，其后面跟一个特定的字符就转变为另外一种含义。常用的以“\”开头的特殊字符如表 2-3 所示。

表 2-3　转义字符及其功能表

转义字符	功　　能	ASCII 代码
\n	换行，将当前位置移到下一行开头	10
\t	水平制表符(TAB)	9
\b	退格，将当前位置移到前一列	8
\r	回车，将当前位置移到本行开头	13
\f	换页，将当前位置移到下页开头	12
\\	代表一个反斜杠字符“\”	92
\'	代表一个单引号字符	39
\"	代表一个双引号字符	34
\ddd	1～3 位八进制所代表的字符	
\xhh	1～2 位十六进制数所代表的字符	

2.5.2　字符变量

字符变量是用来存放字符常量的，并且只能放一个字符，而不是一个字符串。它的类型关键字为 char，占用 1 字节的内存单元。示例如下：

```
char c1, c2;            /*定义两个字符变量 c1，c2*/
c1= 'a'; c2= 'b';       /*给字符变量赋值*/
```

将一个字符常量存储到一个字符变量中，实际上是将该字符的 ASCII 码值(无符号整数)存储到内存单元中。

【例 2.2】　将小写字母转换为大写字母，输出转换结果和字母的 ASCII 码值。

源程序：

```
#include <stdio.h>
void main()
    {   char c1='a';
        c1=c1-32;                    /*字母的大、小写转换*/
        printf("c1=%c\n",c1);        /*以字符形式输出字符变量*/
        printf("c1=%d\n",c1);        /*以整数形式输出字符变量*/
    }
```

运行结果：

```
c1=A
c1=65
```

2.5.3　字符串常量

1．字符串常量的定义

字符串常量是用一对双引号括起来的字符序列。

字符串中字符的个数称为字符串长度。长度为 0 的字符串(即一个字符都没有的字符串)称为空串，表示为""(一对紧连的双引号)。例如，"How are you."和"Good morning."都是字符串常量，其长度分别为 12 和 13(空格也是一个字符)。

如果反斜杠和双引号作为字符串中的有效字符，则必须使用转义字符。

2．字符串的存储

C 语言规定：在存储字符串常量时，由系统在字符串的末尾自动加一个 '\0' 作为字符串的结束标志。如果有一个字符串为"CHINA"，则它在内存中的实际存储如图 2-2 所示。

C	H	I	N	A	\0

图 2-2　字符串存储示意图

该字符串实际占用内存空间是 6 个字节，最后一个字节是系统自动加上的 '\0' 字符。值得注意的是：在源程序中书写字符串常量时，不需要加结束字符 '\0'，否则属于画蛇添足。

注意：

字符常量 'a' 与字符串常量"a"是两回事，两者有如下不同之处：

- 长度不同：字符常量的长度固定为 1，而字符串常量的长度可以是 0，也可以是某个整数。
- 存储要求不同：字符常量存储的是字符的 ASCII 码值，而字符串常量除了要存储有效的字符外，还要存储一个结束标志 '\0'。

2.6　运算符与表达式

运算符是表示某种操作的符号，在 C 语言中，除控制语句和输入/输出函数外，其他所有基本操作都作为运算符处理。运算符的操作对象称为运算数，用运算符把运算数连接起来的一个有意义的式子就叫做表达式。

C 语言运算符可分为以下几类：

(1) 算术运算符：+　-　*　/　%　++　--

(2) 关系运算符：>　>=　<　<=　==　!=

(3) 逻辑运算符：&&　||　!

(4) 赋值运算符：=　+=　-=　*=　/=　%=　&=　|=　^=　<<=　>>=

(5) 条件运算符：? :

(6) 逗号运算符：,

(7) 位运算符：&　|　^　~　<<　>>

(8) 指针运算符：*　&

(9) 求字节数运算符：sizeof

(10) 强制类型转换运算符：(类型标识符)

(11) 分量运算符：.　->

(12) 下标运算符：[ ]

(13) 圆括号：( )

2.6.1　算术运算符与算术表达式

1. 基本的算术运算符

(1) +：加法运算符或取正值运算符，如 1 + 2、+ 2。

(2) –：减法运算符或取负值运算符，如 2 – 1、– 2。

(3) *：乘法运算符，如 1 * 2。

(4) /：除法运算符，如 5 / 2。

(5) %：求余运算符，或称模运算符，如 7%5 的值为 2。

注意：

C 语言有如下规定：

- 两个整数相除，其商为整数，小数部分被舍弃。例如，5 / 2 = 2。
- 如果操作数中有负数，则取整通常采取“向零取整”的方法。例如，5/–3 = –1。
- 求余运算符的两边要求都是整数，否则结果出错。如 9%5，结果为 4；如 9.5%5，结果出错。

2. 算术表达式和运算符的优先级与结合性

由算术运算符、括号以及操作对象组成的符合 C 语言语法规则的表达式称为算术表达式。例如，2 + 3、a * b – 6%9 + a/(x + y)等都是算术表达式。

C 语言规定了运算符的优先级和结合性。在表达式求值时，先按运算符的优先级别高低次序执行。例如，先乘除后加减。如表达式 a – b * c，b 的左侧为减号，右侧为乘号，而乘号的优先级高于减号，因此，相当于 a – (b * c)。

如果一个运算对象两侧的运算符的优先级别相同，如 a – b + c，则按规定的结合方向处理。C 语言规定了各种运算符的结合方向(结合性)，算术运算符的结合方向为自左至右，即先左后右，因此 b 先与减号结合，执行 a – b 的运算，再执行加 c 的运算。自左至右的结合方向又称左结合性，即运算对象先和左边的运算符结合。后续可以看到有的运算符的结合方向为自右至左，即右结合性。

C 语言的优先级与结合性见附录 2。

3. 自增、自减运算符

使单个变量的值增加 1 的运算符称为自增运算符，用“++”表示。使单个变量的值减 1 的运算符称为自减运算符，用“––”表示。

自增、自减运算符都有两种用法。

(1) 前置运算——运算符放在变量之前。

运算式为：++变量、––变量。

先使变量的值增(或减) 1，然后再以变化后的值参与其他运算，即先增减、后运算。

例如，j = ++i，其中 i = 2，先计算 i = i + 1 = 3，后赋值 j = 3，所以结果是 i = 3，j = 3。

(2) 后置运算——运算符放在变量之后。

运算式为：变量++、变量--。

变量先参与其他运算，然后再使变量的值增(或减) 1，即先运算、后增减。

例如，j = i++，其中 i 的初值还是 2，但此时是先赋值 j = i，后计算 i = i + 1 = 2 + 1 = 3，所以结果是 i = 3，j = 2。因此 j = ++i 和 j = i++两式中 j 的结果是不同的，前者 j = 3，后者 j = 2。

【例 2.3】 自增、自减运算符应用。

源程序：

```
#include <stdio.h>
void main()
{
    int x=1, y;
    printf("x=%d\n",x);                    /*输出 x 的初值*/
    y=++x;                                 /*前置运算*/
    printf("x=%d, y=%d\n",x,y);
    y=x--;                                 /*后置运算*/
    printf("x=%d, y=%d\n", x, y);
}
```

运行结果：

注意：

- 自增、自减运算符只能用于变量，不能用于常量和表达式，如 2++、--(a+b)等都是非法的。
- 自增、自减运算符常用于循环语句中，使循环控制变量加(或减)1，还用于指针变量中，使指针指向下(或上)一个地址。

2.6.2 赋值运算符和赋值表达式

1. 赋值运算符

C 语言的赋值符号是“=”，它的作用是将赋值运算符右边表达式的值赋给左边的变量。示例如下：

```
a=5;                  /*将 5 赋给变量 a*/
x=(a+3)*5/2;          /*将表达式(a+3)*5/2 的值赋给变量 x*/
```

注意：

➘ 如果“=”两侧的类型不一致，则在赋值时要进行类型转换。例如，“a=b;”，执行该语句时，只有将 b 的结果转换为 a 的类型后才能进行赋值运算。

2. 复合赋值运算符

在赋值运算符“=”之前加上一个其他运算符，可以构成复合赋值运算符。如果在“=”前加一个“+”运算符就成了复合运算符“+=”，示例如下：

```
i+=1          /*等价于 i=i+1*/
a*=b-2        /*等价于 a=a*(b-2)*/
r%=3          /*等价于 r=r%3*/
```

C 语言规定了如下 10 种复合赋值运算符：

```
+=  -=  *=  /=  %=  &=  ^=  |=  <<=  >>=
```

其中前 5 个为复合算术运算符，后 5 个为复合位运算符。复合算术运算符的功能和含义如表 2-4 所示。

表 2-4　C 语言中的复合算术运算符的功能和含义

名　称	运算符	运算规则	结合性
加赋值	+=	a+=b 等价于 a=a+b	右结合
减赋值	-=	a-=b 等价于 a=a-b	
乘赋值	*=	a*=b 等价于 a=a*b	
除赋值	/=	a/=b 等价于 a=a/b	
模赋值	%=	a%=b 等价于 a=a%b	

3. 赋值表达式

1) 赋值表达式

赋值表达式的一般格式如下：

<变量>　<赋值运算符 >　< 表达式 >

它的功能是将赋值运算符右边“表达式”的值赋给左边的变量。

注意：

➘ 赋值表达式左边必须是变量。

2) 赋值表达式的值

赋值表达式的求解过程是将赋值运算符右侧表达式的值赋给左边的变量。赋值表达式的值就是被赋值变量的值。示例如下：

```
x=5;          /*这个赋值表达式的值为 5(x 变量的值也是 5)*/
```

例如，“a+=a-=a*a;”设 a=5，求 a 的值。

根据右结合性，“a+=a-=a*a;”等价于“a+=a=a-a*a;”，先计算 a = a – a * a，a = 5 – 5*5 = –20。再计算 a+ = a，a = a + a = –20 + (–20) = –40。所以 a 等于–40，整个赋值表达式的值也等于–40。

2.6.3　关系运算符和关系表达式

1．关系运算符

C 语言提供以下 6 种关系运算符：

<(小于)　<=(小于或等于)　>(大于)　>=(大于或等于)　==(等于)　!=(不等于)

在 6 种关系运算符中，前 4 种关系运算符的优先级相同，后 2 种关系运算符的优先级相同，且前 4 种关系运算符的优先级高于后 2 种关系运算符的优先级。

注意：

➘ 在 C 语言中，“等于”关系运算符是双等号“==”，而不是单等号“=”(赋值运算符)。与其他运算符的优先级相比，关系运算符的优先级低于算术运算符，但高于赋值运算符。例如：

c>a+b	等价于	c>(a+b)	算术运算符	↑	(高)
a==b<c	等价于	a==(b<c)	关系运算符	│	
a=b>c	等价于	a=(b>c)	赋值运算符	│	(低)

2．关系表达式

1) 关系表达式

由关系运算符将两个表达式(可以是算术表达式或关系表达式、逻辑表达式、赋值表达式、字符表达式)连接起来的式子称为关系表达式。

例如，下面的关系表达式都是合法的：

a>b，a+b>c-d，(a=3)<=(b=5)，'a'>='b'，(a>b)==(b>c)

2) 关系表达式的值

关系表达式的值是一个逻辑值，即“真”或“假”。由于 C 语言没有逻辑型数据，所以用整数 1 代表“真”，用整数 0 代表“假”。

例如，假设 n1 = 3，n2 = 4，n3 = 5，则表达式的值如下：

(1) n1>n2 的值为 0。

(2) (n1>n2)!=n3 的值为 1。

(3) n1<n2<n3 的值为 1，因为 n1<n2 的值为 1，故 1<5 的值为 1。

(4) (n1<n2)+n3 的值为 6，因为 n1<n2 的值为 1，故 1+5 的值为 6。

注意：

➘ C 语言中用整数 1 表示“真”，用整数 0 表示“假”。

2.6.4　逻辑运算符和逻辑表达式

关系表达式只能描述单一条件，如“x>=0”。如果需要描述“x>=0”同时“x<10”，就要借助于逻辑表达式。

1．逻辑运算符

1) 逻辑运算符

C 语言提供以下 3 种逻辑运算符：

&&　　逻辑与(相当于“同时”)

||　　逻辑或(相当于“或者”)

!　　逻辑非(相当于“否定”)

例如，下面的表达式都是逻辑表达式：

(x>=0)&&(x<10)，(x<1)||(x>5)，!(x==0)

(year%4==0)&&(year%100!=0)||(year%400==0)

2) 逻辑运算符的运算规则

&&：当且仅当两个运算量的值都为“真”时，运算结果为“真”，否则为“假”。

||：当且仅当两个运算量的值都为“假”时，运算结果为“假”，否则为“真”。

!：当运算量的值为“真”时，运算结果为“假”；当运算量的值为“假”时，运算结果为“真”。

逻辑运算符的真值表如表 2-5 所示。

表 2-5　逻辑运算符的真值表

a	b	a&&b	a||b	!a
真	真	真	真	假
真	假	假	真	假
假	真	假	真	真
假	假	假	假	真

例如，假定 x=5，则(x>=0)&&(x<10)的值为“真”，(x<-1)||(x>5)的值为“假”。

3) 逻辑运算符的优先级

(1) 逻辑非的优先级最高，逻辑与次之，逻辑或最低的次序如下所示：

! (非)　→　&&(与) → || (或)

(2) 与其他运算符的优先级相比，其优先级由高到低的次序如下所示：

! → 算术运算 → 关系运算 → && → || → 赋值运算

示例如下：

(a>b)&&(x>y)　　可写成 a>b&&x>y

(a==b)||(x==y)　　可写成 a==b||x==y

例如，设“int a=2,b;”，则执行“b=a==!a;”语句后，b 的值是什么？

分析：先计算!a 的值为 0，再计算 a==!a 的值是 0，最后计算 b 的值是 0。

2. 逻辑表达式

1) 逻辑表达式

所谓逻辑表达式是指用逻辑运算符将一个或多个表达式连接起来，进行逻辑运算的式子。在 C 语言中，用逻辑表达式表示多个条件的组合。例如：

(a>b)&&(x>y)||(a<=b)

逻辑表达式的值也是一个逻辑值(非“真”即“假”)。

2) 逻辑量的真假判定——0 和非 0

在判断一个数据的“真”或“假”时，以 0 和非 0 为根据：如果为 0，则判定为“假”；

如果为非 0，则判定为“真”。

例如，假设 num=12，则!num 的值为 0，num>=1&&num<=31 的值为 1，num||num>31 的值为 1。

注意：

- 逻辑运算符两侧的操作数，除可以是 0 和非 0 的整数外，也可以是其他任何类型的数据，如实型、字符型等。
- 在计算逻辑表达式时，并不是所有的逻辑运算符都被执行，只有在必须执行下一个逻辑运算符才能求出表达式的解时，才执行该运算符。

对于逻辑与运算，如果第一个操作数被判定为“假”，则系统不再判定或求解第二个操作数。

例如，语句“(m=a>b)&&(n=c>d);”，假设 a=1，b=2，c=3，d=4，m 和 n 原值为 1。由于“a>b”的值为 0，因此 m=0，而“n=c>d”不执行，所以 n 的值不是 0 而仍保持原值 1。

对于逻辑或运算，如果第一个操作数被判定为“真”，则系统不再判定或求解第二操作数。

例如，假设 n1=5，n2=2，n3=3，n4=4，x=1，y=1，则求解表达式“(x=n1>n2)||(y=n3>n4)”后，x 的值变为 1，而“y=n3>n4”不执行，y 的值不变，仍等于 1。

2.6.5　逗号运算符和逗号表达式

1．逗号运算符

C 语言提供一种特殊的运算符，即逗号运算符。逗号运算符的优先级是 C 语言中所有运算符中最低的，结合方向为左结合。

2．逗号表达式

逗号表达式是由一系列逗号将表达式连接起来的式子，其一般形式如下：

　　表达式 1, 表达式 2, …, 表达式 n

逗号表达式的求解过程：由逗号隔开的一对表达式从自左至右依次计算各表达式的值，“表达式 n”的值即为整个逗号表达式的值。

例如，求逗号表达式“a=2+3,a=a*6,a/10”的值，先求解 a = 2 + 3，得 a = 5；再求解 a= a * 6，得 a = 30，最后求解 a /10，即 30 / 10 = 3。所以，最后逗号表达式的值等于 3，而 a = 30。

2.6.6　位运算符

C 语言提供了以下 6 种位运算。

1．“按位与”运算符(&)

格式：x&y。

规则：参与运算的两数对应的二进位相与，只有对应的两个二进位均为 1 时，结果位才为 1，否则为 0。例如：

3&9=1

```
      0011
(&)   1001
      ----
      0001
```

2. “按位或”运算符(|)

格式：x|y。

规则：参与运算的两数对应的二进位相或，只要对应的两个二进位有一个为 1 时，结果位就为 1。例如：

3|9=11

```
      0011
(|)   1001
      ----
      1011
```

3. “异或”运算符(^)

格式：x^y。

规则：参与运算的两数对应的二进位相异或，当两个对应的二进位相异时结果为 1，相同时为 0。例如：

3^9=10

```
      0011
(^)   1001
      ----
      1010
```

4. “取反”运算符(~)

格式：~x。

规则：参与运算的数的各个二进位按位求反，即将 0 变 1，将 1 变 0。例如：

~14 = 1

```
      1110
(~)
      ----
      0001
```

5. “左移”运算符(<<)

格式：x<<位数。

规则：把“<<”左边的运算数的各二进位全部左移若干位，由“<<”右边的数指定移动的位数，高位丢弃，低位补 0。例如：

5<<2=20

```
        00000101
(<<2)
        --------
        00010100
```

6. “右移”运算符(>>)

格式：x>>位数。

规则：把“>>”左边的运算数的各二进位全部右移若干位，由“>>”右边的数指定移动的位数。应该注意符号位的问题，对无符号数，右移时左边高位移入 0；对于有符号数，右移时符号位将随同移动。当为正数时，最高位补 0；为负数且符号位为 1 时，最高位是补 0 或是补 1 取决于编译系统的规定。例如：

20>>2=5

```
       00010100
(>>2)
       00000101
```

除按位取反运算外，其余 5 个位运算符均可与赋值运算符一起构成复合赋值运算符，如&=、|=、^=、<<=、>>=。例如，a& = b 相当于 a = a&b。

2.7　数据类型转换

2.7.1　自动类型转换

C 语言允许在整型、实型、字符型等数据之间进行混合运算，在进行运算时，首先将不同类型的数据转换成同一类型，然后进行运算。例如：

(1) 字符型(char)和短整型(short)必定要先转换成整型(int)。

(2) 单精度型(float)必定要先转换成双精度型(double)。

(3) 赋值号右边的类型转换为赋值号左边的类型，结果为赋值号左边的类型。

数据类型转换关系如图 2-3 所示。

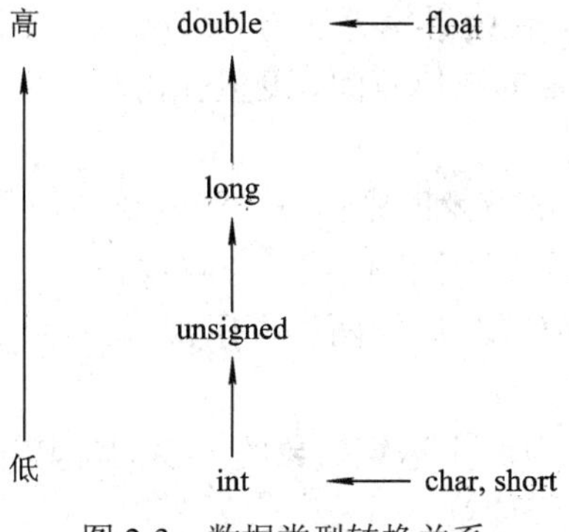

图 2-3　数据类型转换关系

两种箭头表示两种含义：向左的横向箭头表示即使在同一种数据类型之间进行运算时，也要进行转换，用于提高计算精度。而向上的纵向箭头表示当运算对象类型不同时的转换方向。数据总是由低级别向高级别转换的。

注意：

- 箭头方向只表示数据类型由低向高转换，不要理解为 int 型先转换成 unsigned 型，再转换成 long 型，最后转换成 double 型。若 int 型和 double 型混合运算，则只要直接将 int 型数据转换成 double 型。

2.7.2　强制类型转换

可以利用强制类型转换运算符将一个表达式转换成所需类型。强制类型转换的一般格式如下：

(类型名)(表达式)

例如：

```
(double)a (等价于(double)(a))        /*将变量 a 的值转换成 double 型*/
(int)(x+y)                          /*将 x+y 的结果转换成 int 型*/
(float)5/2(等价于(float)(5)/2)       /*将 5 转换成实型，再除以 2(结果为 2.5)*/
(float)(5/2)                        /*将 5 整除 2 的结果(2)转换成实型(2.0)*/
```

注意：

➘ 在强制类型转换时，得到的是一个所需类型的中间量，原来变量的类型并不发生变化。例如，"(double)a;" 不要写成 "double (a);"，只是将变量 a 的值转换成一个 double 型的中间量，a 的数据类型并未转换成 double 型。

本 章 小 结

通过本章的学习，读者应掌握以下内容：

(1) C 语言的基本数据类型。掌握数据类型名，了解其所占字节数和取值范围。

(2) 常量和变量。常量包括整型常量、实型常量、字符常量、字符串常量和符号常量等。

变量使用前必须先说明，否则系统无法为其分配存储空间，也就是说变量要"先定义后使用"。变量的类型决定变量的取值范围、变量在内存中应占的存储空间的大小以及变量所能参与运算的种类。

(3) 算术运算类似数学中的算术四则运算，当两个操作数都是整数时，进行除法运算，其结果为整数。求余运算符要求两个操作数均为整数。

(4) 自增/自减运算符有前置和后置两种表示形式，当自增/自减运算与其他运算混合时，前置和后置形式影响不同。

(5) 关系运算符是用来比较两个运算对象的大小的，其结果是一个逻辑值，"真"用 1 表示，"假"用 0 表示。

(6) 逻辑运算的运算对象是逻辑量，其结果也是一个逻辑值，即"真"用 1 表示，"假"用 0 表示。在判断一个数据的"真"或"假"时，以 0 和非 0 为根据：如果为 0，则判定为"假"；如果为非 0，则判定为"真"。

(7) 赋值运算符的作用是将赋值运算符右边表达式的值赋给左边的变量。

(8) 逗号表达式的求解过程是从自左至右依次计算各表达式的值。

(9) 不同类型的数据在参与运算之前会自动转换成相同的类型，然后再进行运算，转换的原则是由低级向高级转换。此外还可以使用强制类型转换。

总之，本章所介绍的内容都是 C 语言的基础内容，看似有些零散，但都是今后程序中经常用到的知识点，应该好好领会。

上 机 实 验

一、实验目的

(1) 熟悉不同类型变量的定义和使用。

(2) 掌握 C 语言的有关运算符与表达式的使用。

二、实验内容

(1) 运行下列程序，记录输出结果，并对结果进行分析。

```
#include <stdio.h>
void main()
    {   int i,j;
        float x;
        char ch;
        x=5.8;
        i=x;
        j=(int)x;
        ch='a'+1;
        printf("x=%f,i=%d,j=%d,ch=%c\n",x,i,j,ch);
}
```

(2) 运行下面的程序，记录输出结果，并对结果进行分析。

```
#include "stdio.h"
void main( )
{   int a=5,b,c,d;
    printf("a=%d\n",a);
    b=++a;
    printf("a=%d,b=%d\n",a,b);
    c=a--;
    printf("a=%d,c=%d\n",a,c);
    d=a||b&&c;
    printf("a=%d,d=%d\n",a,d);
}
```

练 习 题

一、选择题

1．在 C 语言中，运算对象必须是整型数的运算符是(　　)。

A) %　　B) /　　C) +　　D) *

2．若有定义“int a=7;float x=2.5,y=4.7;”，则表达式“x+a%3*(int)(x+y)%2/4”的值是(　　)。

A) 2.500000　　B) 2.750000　　C) 3.500000　　D) 0.000000

3．以下选项中，与 k=n++完全等价的表达式是(　　)。

A) k=n,n=n+1　　B) n=n+1,k=n　　C) k=++n　　D) k+=n+1

4．设有“int x=11;”则表达式“(x++*1/3)”的值是(　　)。

A) 3　　B) 4　　C) 11　　D) 12

5．以下选项中不属于字符常量的是(　　)。

A) 'C'　　B) "C"　　C) '\xCC'　　D) '\072'

6．在 C 语言中，char 型数据在内存中的存储形式是(　　)。

A) 补码　　B) 反码　　C) 原码　　D) ASCII 码

7．设以下变量均为 int 类型，表达式的值不为 7 的是(　　)。

A) (x=y=6,x+y,x+1)　　B) (x=y=6,x+y,y+1)

C) (x=6,x+1,y=6,x+y)　　D) (y=6,y+1,x=y,x+1)

8. 设 a 是 int 型，f 是 float 型，i 是 double 型，则表达式 10+'a'+i*f 值的数据类型为(　　)。

A) int　　B) float　　C) double　　D) 不确定

9．下列数据中，属于不合法的 C 语言实型数据的是(　　)。

A) 0.123　　B) 123e3　　C) 2.1e3.5　　D) 789.0

10．已知“int i; float f;”，以下正确的语句是(　　)。

A) (int f)%i　　B) int(f)%i　　C) int(f%i)　　D) (int)f%i

11．已知“int j, i=1;”，执行语句“j=-i++;”后，j 的值是(　　)。

A) 1　　B) 2　　C) −1　　D) −2

12．若执行以下程序段后，则 c3 的值是(　　)。

```
int c1=1,c2=2,c3;
c3=1.0/c2*c1;
```

A) 0　　B) 0.5　　C) 1　　D) 2

13．已知“int x=10, y=3, z;”，执行语句“printf("%d\n",z=(x%y,x/y))”的值是(　　)。

A) 1　　B) 0　　C) 4　　D) 3

14．设变量已正确定义并赋值，以下正确的表达式是(　　)。

A) x=y*5=x+z　　B) int(15.8%5)　　C) x=y+z+5,++y　　D) x=25%5.0

15．若变量已正确定义并赋值，以下符合 C 语言语法的表达式是(　　)。

A) a:=b+1　　B) a=b=c+2　　C) int 18.5%3　　D) a=a+7=c+b

16．以下符合 C 语言语法的实型常量是(　　)。

A) 1.2E0.5　　B) 3.14.159E　　C) .5E-3　　D) E15

17．若有代数式 $\frac{3ae}{bc}$，则以下不正确的 C 语言表达式是(　　)。

A) a/b/c*e*3　　B) 3*a*e/b/c　　C) 3*a*e/b*c　　D) a*e/c/b*3

18．以下程序的输出结果是(　　)。

```
void   main( )
{
   int a=2;
   a%=4-1;
   printf("%d,",a);
   a+=a*=a-=a*=3;
   printf("%d",a);
}
```

A）2,0　　　　B）1,0　　　　C）–1,12　　　　D）2,12

二、填空题

1．在 C 语言程序中，用关键字________定义基本整型变量，用关键字________定义单精度实型变量，用关键字________定义双精度实型变量。

2．若 k 为 int 型变量且赋值 11，请写出运算 k++后表达式的值________和变量 k 的值________。

3．表达式 3.5+1/2+10/3+10%3 的计算结果是________。

4．$\sqrt{b^2-4ac}$ 的 C 语言表达式为________。

5．若有定义“int x=3,y=2; float a=2.5,b=3.5;”，则表达式“(x+y)%2+(int)a/(int)b”的值为________。

第3章　顺序结构程序设计

本章要点

- 格式输出函数 printf();
- 格式输入函数 scanf();
- 字符输出函数 putchar();
- 字符输入函数 getchar();
- 顺序结构程序设计。

学习方法建议

本章是程序设计的基础，建议重点掌握格式输入/输出函数和字符输入/输出函数的使用方法，掌握顺序结构程序的编写方法。本章难点是格式输入输出函数中的格式描述符的用法。

3.1　引　　例

1. 问题分析——华氏温度与摄氏温度的转换

将华氏温度转换为对应的摄氏温度。已知华氏温度与摄氏温度的转换公式为 $c=\frac{5}{9}(f-32)$，要求摄氏度值保留两位小数。

2. 引例分析

首先定义两个变量 f 和 c 分别用来表示华氏温度和摄氏温度，使用键盘输入华氏温度的值，利用公式计算摄氏温度的值，最后输出摄氏温度的值。

3. 程序代码

源程序：

```
#include "stdio.h"
void main()
{
  double f,c;                    /*定义变量 f 和 c 分别表示华氏温度和摄氏温度*/
scanf("f=%lf",&f);               /*输入华氏温度值*/
```

```
    c=5*(f-32)/9;              /*计算摄氏温度值*/
    printf("c=%.2f\n",c);      /*输出摄氏温度值*/
}
```

运行结果：

```
f=100
c=37.78
```

4．程序说明

(1) 从程序中可以看出顺序结构程序都是按照语句的书写顺序依次执行的，它是最简单的结构。

(2) scanf()函数是系统提供的用于输入的库函数，在文件 stdio.h 中声明。该函数用于从键盘输入数据。

(3) 程序中调用 printf()函数输出结果时，将双引号内除%.2f 以外的内容原样输出，%.2f 表示以十进制小数形式输出，保留两位小数。

本章主要讲授输入/输出函数，以及顺序结构程序的设计。

3.2　C 语言的基本语句

C 语言和其他高级语言一样，通过语句向计算机系统发出操作指令，一个语句经编译后产生若干条机器指令。在一个实际的程序中应包含若干条语句，每一条语句都是用来完成一定操作任务的。一个 C 程序可以由若干个源程序文件组成，一个源文件可以由若干个函数和预处理命令及全局变量声明部分组成，一个函数由数据定义和执行语句组成。C 语言的语句可以分为以下 5 类。

1．控制语句

控制语句用于完成一定的控制功能。C 语言中只有以下 9 种控制语句：

(1) if( )…else…　　/*条件语句*/
(2) for( )…　　/*循环语句*/
(3) while( ) …　　/*循环语句*/
(4) do…while( )　　/*循环语句*/
(5) continue　　/*结束本次循环语句*/
(6) break　　/*中止执行 switch 或循环语句*/
(7) switch　　/*多分支选择语句*/
(8) goto　　/*转向语句*/
(9) return　　/*从函数返回语句*/

2．表达式语句

表达式语句由表达式在其后加一个分号构成。最典型的表达式语句是在赋值表达式后加一个分号构成的赋值语句。例如，a=3 是一个赋值表达式，而“a=3;”则是一个赋值语句。

任何表达式都可以加上分号而成为语句。例如，i++; 和 c=a+b; 等。

3．函数调用语句

函数调用语句由一个函数调用加一个分号构成，示例如下：

```
printf("This is a C program.");
```

4．空语句

空语句仅由一个分号构成。显然，空语句什么操作也不执行。例如，下面就是一个空语句。

```
;
```

空语句有时用来做循环语句中的循环体(循环体是空语句，表示循环体什么也不做)。

5．复合语句

可以用{ }把一些语句括起来构成复合语句(又称分程序)。例如，下面的语句是一个复合语句。

```
{
    t=x;
    x=y;
    y=t;
}
```

注意：

- 复合语句中最后一个语句的分号不能忽略不写。
- 复合语句在语法上和单一语句相同，即单一语句可以出现的地方，就可以出现复合语句。
- 复合语句可以嵌套，即复合语句中也可出现复合语句。

3.3　字符数据的输入输出

C 语言本身不提供输入输出语句，输入和输出操作是由函数来实现的。在 C 标准函数库中提供了一些输入/输出函数，由于 C 编译系统与 C 函数库是分别进行设计的，因此不同的 C 系统所提供函数的数量、名字和功能是不完全相同的。但有些通用的函数(如 printf()、scanf()等)，各种 C 系统都提供，因而成为各种 C 系统的标准函数。

在使用 C 语言函数时，要用编译预命令#include 将有关的头文件包括到用户源文件中。在头文件中包含了与用到的函数有关的信息。例如，使用标准输入/输出库函数时，要用到 stdio.h 文件，文件后缀中的 h 是 head 的缩写。#include 命令都放在程序的开头，因此这类文件被称为头文件。在调用标准输入/输出库函数时，文件开头应有以下编译预命令：

```
#include <stdio.h>  或  #include "stdio.h"
```

stdio.h 是 standard input & output 的缩写，包含了标准 I/O 库有关的变量定义和宏定义。

3.3.1　putchar()函数

putchar()函数(字符输出函数)的作用是向终端输出一个字符。其一般格式如下：

```
putchar(ch);
```

它输出字符变量 ch 的值，ch 可以是字符变量或整型变量。

【例 3.1】 输出单个字符。

源程序：

```
#include <stdio.h>
void main()
{
    char a,b,c;
    a='B';b='O';c='Y';
    putchar(a); putchar(b); putchar(c); putchar('\n');     /*输出 a、b、c 的值*/
    putchar(a); putchar('\n');                              /*输出 a 的值，并换行*/
    putchar(b); putchar('\n');                              /*输出 b 的值，并换行*/
    putchar(c); putchar('\n');                              /*输出 c 的值，并换行*/
}
```

运行结果：

用 putchar()函数可以输出能在屏幕上显示的字符，也可以输出控制字符，如 putchar('\n')的作用是输出一个换行符，使输出的当前位置移到下一行的开头；也可以输出其他转义字符，例如，“putchar('\101');”输出字符 'A'。

3.3.2 getchar()函数

getchar( )函数的作用是从系统的输入设备(如键盘)输入一个字符。另外，从功能角度来看，getchar( )函数的一般形式如下：

```
ch=getchar( );
```

注意：

- getchar( )函数只能用于单个字符的输入，一次只能输入一个字符。
- 在输入时，空格、回车符都将被作为字符输入，而且只有在敲回车键时，读入才开始执行。

【例 3.2】 将输入的小写字母转换成大写字母后输出。

源程序：

```
#include <stdio.h>              /*编译预处理命令：文件包含*/
void main()
{
    char ch1, ch2, ch3;
    ch1=getchar();              /*输入小写字母分别赋给变量 ch1、ch2、ch3*/
    ch2=getchar();
```

```
        ch3=getchar();
        ch1-=32;                    /*将小写字母转换成大写字母*/
        ch2-=32;
        ch3-=32;
        putchar(ch1); putchar(ch2) ; putchar(ch3); putchar('\n') ;
    }
```

运行结果：

从键盘输入字符时，要求连续输入“new”再按回车键，如果输入“n↙e↙w↙”，则字符“n”赋给 ch1，字符“↙”赋给 ch2，字符“e”赋给 ch3，这样就不对了(↙表示回车)。

注意：

- 程序中如果使用 putchar()函数和 getchar()函数，在程序(或文件)的开头必须加上编译预处理命令，即#include "stdio.h"或#include <stdio.h>。

3.4　格式输入与输出

3.4.1　printf()函数

printf()函数的作用是向计算机系统默认的输出设备(一般指终端或显示器)输出一个或多个任意类型的数据。

1. printf()函数

printf()函数的一般格式如下：

printf (格式控制，输出表列);

功能：输出任何类型的数据。

例如，printf("radius=%f",radius);

(1) 格式控制。格式控制是由双引号括起来的字符串，主要包括格式说明和需要原样输出的字符。

① 格式说明：由“%”和格式字符组成，如%d、%f 等，其作用是将要输出的数据转换为指定的格式后输出。

② 普通字符：即需要原样输出的字符，如“printf("radius=%f", radius);”语句中的“radius=”就是普通字符。

(2) 输出表列。输出表列是指需要输出的一些数据，可以是常量、变量和表达式。示例如下：

printf("a=%d␣b=%d",a,b);

格式说明　输出表列

上面双引号中的字符“%d”是格式说明，符号“␣”代表空格符，“a=␣b=”是普通字符，普通字符按原样输出。如果 a、b 的值分别为 1、2，则输出如下：

```
a=1␣b=2
```

1 和 2 是 a 和 b 的值，其输出位数由 a、b 值而定。假如 a=12，b=345，则输出结果如下：

```
a=12␣b=345
```

2. 格式字符

输出不同类型的数据，要使用不同的格式字符。下面介绍 C 语言中常用的格式字符。

(1) d 格式字符：以十进制整数形式输出数据。有以下几种形式：

① %d：按整型数据的实际宽度输出。

② %md：m 为一个正整数，用以指定输出数据所占的宽度。如果数据的位数小于 m，则右对齐，左端补以空格；若数据位数大于 m，则按实际位数输出。示例如下：

```
printf("%4d,%4d,%4d",a,b,c);
```

若 a=123、b=1234、c=12345，则输出结果如下：

```
␣123,1234,12345
```

③ %-md：m 为一个正整数，用以指定输出数据所占的宽度。如果数据的位数小于 m，则左对齐，右端补以空格；若数据位数大于 m，则按实际位数输出。示例如下：

```
printf("%-4d,%-4d,%-4d",a,b,c);
```

若 a=123、b=1234、c=12345，则输出结果如下：

```
123␣,1234,12345
```

④ %ld：输出长整型数据。示例如下：

```
long a=123456;
printf("%ld",a);
```

对于长整型数据也可以指定字段宽度 m，其用法与整型数据完全相同。如将上面 printf() 函数中的“%ld”改为“%8ld”，则输出为“␣␣123456”；若将 printf()函数中的“%ld”改为“%-8ld”，则输出为“123456␣␣”。

【例 3.3】 运行下面的程序，观察 printf( )的输出效果。

源程序：

```
#include "stdio.h"
void main( )
{   int a=123;
    long b=12345;
    printf("a=%d\tb=%ld\n",a,b);
    printf("a=%2d\tb=%3ld\n",a,b);
    printf("a=%5d\tb=%8ld\n",a,b);
    printf("a=%-5d\tb=%-8ld\n",a,b);
}
```

运行结果：

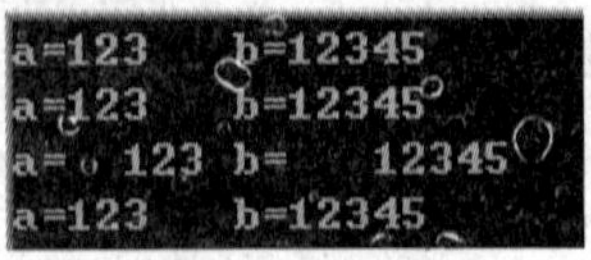

(2) c 格式符：用来输出一个字符。示例如下：

```
char ch='a';
printf("%c",ch);
```

输出结果如下：

```
a
```

一个整数，只要它的值在 0～255，也可以用字符形式输出，在输出前，系统会将该整数作为 ASCII 码转换成相应的字符；反之，一个字符数据也可以用整数形式输出。

【例 3.4】 字符数据的输出。

源程序：

```
#include "stdio.h"
void main( )
{
    char c='b';
    int i=98;
    printf("%c,%d\n",c,c);
    printf("%c,%d\n",i,i);
}
```

运行结果：

(3) s 格式符：用来输出一个字符串。有下面几种用法：

① %s：输出一个字符串。示例如下：

```
printf("%s","hello");
```

输出结果如下：

```
hello
```

② %ms：输出的字符串占 m 列，若字符串本身长度大于 m，则将字符串全部输出；若串长小于 m，则右对齐左补空格。

③ %-ms：输出的字符串占 m 列，若字符串本身长度大于 m，则将字符串全部输出；若串长小于 m，则左对齐右补空格。

④ %m.ns：输出的字符串占 m 列，但只取字符串中左端 n 个字符。这 n 个字符输出在 m 列的右侧，左补空格。如果 n>m，则 m 自动取 n 值，即保证 n 个字符正常输出。

⑤ %-m.ns：其中 m、n 含义同上，n 个字符输出在 m 列范围的左侧，右补空格。如果 n>m，则 m 自动取 n 值，即保证 n 个字符正常输出。

【例 3.5】　字符串的输出。

源程序：

```
#include "stdio.h"
void main( )
{
    printf("%2s,%8.3s,%.4s,%-7.2s\n","hello","hello","hello","hello");
}
```

运行结果：

```
hello,      hel,hell,he
```

(4) f 格式符：用来输出实数(包括单精度实数和双精度实数)，以小数形式输出。有以下几种用法：

① %f：不指定字段宽度，由系统自动指定，使整数部分全部输出，并输出 6 位小数。双精度数也可以以%lf 格式输出。

【例 3.6】　输出下列单精度实数和双精度实数。

源程序：

```
#include "stdio.h"
void main ( )
{
    float f1,f2;
    double d1,d2;
    f1=111111.111;
    f2=222222.222;
    d1=1111111111111.111111111;
    d2=2222222222222.222222222;
    printf("%f\n",f1+f2);
    printf("%f\n",d1+d2);
}
```

运行结果：

```
333333.328125
3333333333333.333000
```

说明：对于单精度实数，前 7 位数字是有效的，而对于双精度实数，前 16 位数字是有效的。

② %m.nf：指定输出的数据共占 m 列，其中有 n 位小数。如果数值长度小于 m，则左端补空格。

③ %-m.nf 与%m.nf 基本相同，只是使输出的数值向左端靠，右端补空格。

【例 3.7】　输出实数时指定小数位数。

源程序：

```
#include "stdio.h"
void main( )
```

```
{
    float f=123.456;
    printf("%f␣␣%10f␣␣%10.2f␣␣%.2f␣␣%-10.2f\n",f,f,f,f,f);
}
```

运行结果：

```
123.456001  123.456001      123.46  123.46  123.46
```

(5) e 格式符：以指数形式输出实数。有以下几种用法：

① %e：不指定输出数据所占的宽度和数字部分的小数位数，数值按规范化指数形式输出(即小数点前必须有而且只有 1 位非零数字)。示例如下：

```
printf("%e",123.45678);
```

输出结果如下：

1.234568e+002
（13 列）

输出的实际实数占 11 列宽度。(注：不同系统的规定略有不同)

② %m.ne 和%-m.ne：m、n 和“-”字符含义与前面的相同。此处 n 指拟输出的数据的小数部分(又称尾数)的位数。若 f=123.456，则

```
printf("%e␣␣%10e␣␣%10.2e␣␣%.2e␣␣%-10.2e",f,f,f,f,f);
```

上述语句的输出结果如下：

1.234560e+002␣␣1.234560e+02␣␣␣1.23e+002␣␣1.23e+002␣␣1.23e+002␣

（13 列　13 列　9 列　9 列　9 列）

以上主要介绍了常用的格式符，printf()函数中使用的格式字符如表 3-1 所示。

表 3-1　printf()函数格式字符

格式字符	作　　用
d 或 i	十进制整数形式带符号输出(正数不带符号)
o	八进制整数形式无符号输出(不带前缀 0)
x X	无符号输出十六进制整数(不带前缀 0x)，其中字母小写； 无符号输出十六进制整数(不带前缀 0x)，其中字母大写
u	十进制整数形式无符号输出
f	十进制小数形式输出单、双精度数(默认 6 位小数)
e E	指数形式输出单、双精度数(默认 6 位小数)，字母 e 小写； 指数形式输出单、双精度数(默认 6 位小数)，字母 E 大写
g G	自动选用 f 或 e 形式，字母 e 小写； 自动选用 f 或 e 形式，字母 E 大写
c	输出一个字符

续表

格式字符	作　　用
s	输出一个字符串
ld	长整型输出
lo	长八进制整型输出
lx	长十六进制整型输出
lu	无符号长整型输出
m 格式字符	按宽度 m 输出，右对齐
-m 格式字符	按宽度 m 输出，左对齐
m.n 格式字符	按宽度 m，n 位小数，或截取字符串前 n 个字符输出，右对齐
-m.n 格式字符	按宽度 m，n 位小数，或截取字符串前 n 个字符输出，左对齐

3. printf()函数应用举例

【例 3.8】　用不同的格式输出同一变量。

源程序：

```
#include "stdio.h"
void main( )
{
    char ch='b';
    int x=65;
    printf("ch=%c,%4c,%d\n", ch, ch, ch);
    printf("x=%d,%c\n", x, x);
}
```

运行结果：

```
ch=b,   b,98
x=65,A
```

注意：

➘ 在 C 语言中，整数可以用字符形式输出，字符数据也可以用整数形式输出。

【例 3.9】　输出不同的数据类型的应用。

源程序：

```
#include "stdio.h"
void main()
{
    int a,b;
    float c;
    char ch ;
    a=123;
    b=-1;
```

```
        c=1.23;
        ch='a';
        printf("a=%d, a=%4d\n", a, a );                /*输出整数 a 的值*/
        printf("%d, %o, %x, %u\n", b, b, b, b);        /*输出整数 b 的值*/
        printf("%f, %6.1f\n",c,c);                     /*输出实数 c 的值*/
        printf("%c\n", ch);                            /*输出字符变量 ch 的值*/
    }
```

运行结果：

```
a=123, a= 123
-1, 37777777777, ffffffff, 4294967295
1.230000,    1.2
a
```

其中，%f 是以小数形式按系统默认的宽度(小数点后保留 6 位)输出实数 c 的，%6.1f 按指定总宽度 6 位，小数点后面 1 位输出实数 c。

3.4.2　scanf()函数

在程序中给计算机提供数据，可以用赋值语句和输入函数实现。scanf()函数的功能是用来输入任何类型的数据，可以同时输入多个同类型的或不同类型的数据。

1. scanf()函数

scanf()函数的一般格式如下：

scanf(格式控制，地址表列);

“格式控制”的含义同 printf()函数，“地址表列”是由若干个地址组成的表列，可以是变量的地址或字符串的首地址。

【例 3.10】　用 scanf()函数输入数据。

源程序：

```
#include "stdio.h"
void main()
{
    int a,b,c;
    scanf("%d%d%d",&a,&b,&c);
    printf("%d,%d,%d\n",a,b,c);
}
```

运行结果：

```
1 2 3
1,2,3
```

其中，&a、&b、&c 中的“&”是地址运算符，&a 指 a 在内存中的地址。上面 scanf()函数的作用是按照 a、b、c 在内存的地址，将 a、b、c 的值存进去，如图 3-1 所示。

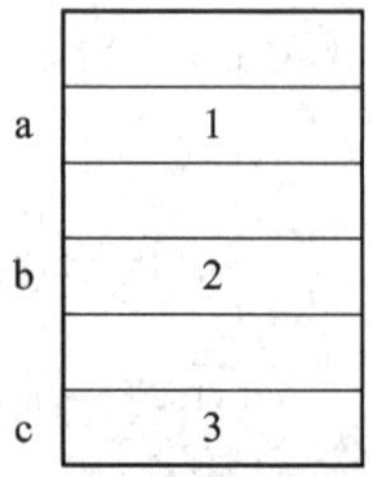

图 3-1　变量在内存中存放的情况

注意：

- 输入函数 scanf("%d%d%d",&a,&b,&c)中的“%d%d%d”表示要按十进制整数形式输入 3 个数据。输入数据时，在两个数据之间可以用一个或多个空格作为间隔，也可以用 Enter 键或 Tab 键作为间隔。

(1) 格式说明。格式说明主要由“%”和格式符组成的，如%d、%f 等，作用是将输入数据转换为指定格式后存入到由地址表所指的相应变量中。scanf()函数中使用的格式字符如表 3-2 所示。

表 3-2　scanf()函数的格式字符

格式字符	作　　用
d,i	输入有符号的十进制整数
u	输入无符号的十进制整数
o	输入无符号的八进制整数
X,x	输入无符号的十六进制整数(大小写作用一样)
c	输入单个字符
s	输入 1 个字符串
f	输入单精度实型数据(可以用小数形式或指数形式)
E,e,g,G	与 f 作用相同(大小写作用一样)
lf、le、lg	输入双精度实型数据
ld、lo、lx、lu	输入长整型数据
hd、ho、hx	输入短整型数据

(2) 地址表列。scanf()函数中的“地址表列”部分是由变量的地址组成的，如果有多个变量，则各变量之间用逗号隔开。地址运算符为“&”，如变量 a 的地址可以写为&a。

注意：

- scanf()函数中“格式控制”的后面应当是变量地址，而不应是变量名。例如以下格式是不对的：

  scanf("%d%d",a,b);

  应改为 scanf("%d%d",&a,&b);

- 如果在“格式控制”字符串中除了格式说明以外还有其他字符，则在输入数据时在对应位置应输入与这些字符相同的字符。例如以下形式中应输入

  a=3b=4↙

  scanf("a=%db=%d",&a,&b);

- 在用“%c”格式输入字符时，空格字符和转义字符都被作为有效字符输入。

2．scanf()函数应用举例

【例 3.11】　附加格式说明符 n(宽度)。

源程序：

```
#include "stdio.h"
void main()
{
```

```
        char ch1,ch2;
        scanf("%2c%3c", &ch1, &ch2);
        printf("ch1=%c,ch2=%c\n", ch1, ch2);
    }
```

运行结果：

```
ABCDEF
ch1=A,ch2=C
```

运行该程序时，输入 ABCDEF，系统将读取的 AB 中的 A 赋给变量 ch1，CDE 中的 C 赋给变量 ch2。所以，printf()函数的输出结果为 ch1=A,ch2=C。

程序中“scanf("%2c%3c",&ch1, &ch2)”里“%2c%3c”中的“2”和“3”就是指定输入数据所占列数的宽度。也就是说，读取输入数据中相应的 n 位中的第一个字符，按需要的位数赋给相应的变量(此处 ch1 和 ch2 均为 char 变量，只能赋一个字符)，多余部分被舍弃。

【例 3.12】　“*”号附加说明符的应用。

源程序：

```
#include "stdio.h"
void main( )
{
    int a,b;
    scanf("%2d%*3d%2d", &a, &b);
    printf("a=%d, b=%d\n", a, b);
}
```

运行结果：

```
23 482 60
a=23, b=60
```

从键盘输入 23、482、60，系统首先会将 23 赋值给 a 变量；然后遇到“%*3d”表示读入 3 位整数，即读取 482，但不赋给任何变量；最后再读取 60 两位整数并赋值给 b 变量。也就是说跳过第 2 个数据 482，所以 printf()函数的输出结果为 a=23，b=60。

3.5　程序设计举例

【例 3.13】　编一程序，输入圆的半径，输出圆的面积。

在程序中利用 scanf 和 printf 进行数据的输入和输出时，一定要注意其参数的写法。

源程序：

```
#include "stdio.h"
void main( )
{       float r,s;
        printf("input r: ");
```

```
        scanf("%f",&r);
        s=3.14*r*r;
        printf("s=%f",s);
    }
```

运行结果：

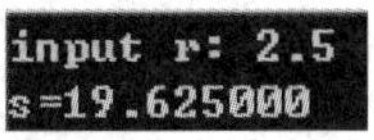

【例 3.14】　从终端输入两个整数给变量 x 和 y ，再交换它们中的值。

在程序中交换 x 和 y 两个变量中的数据时，不可以简单地用“x=y;y=x;”两条语句实现。为了不丢失 x 中的原值，必须在执行“x=y;”之前，把 x 中的值放到一个临时变量中保存起来，在执行“x=y;”之后，再把保存在临时变量中的值赋给 y。

源程序：

```
#include "stdio.h"
void main( )
{   int x,y,t;
    printf("Input x & y:\n");
    scanf("%d%d",&x,&y);
    printf("x=%d y=%d\n",x,y);
    t=x;x=y;y=t;
    printf("x=%d y=%d\n",x,y);
}
```

运行结果：

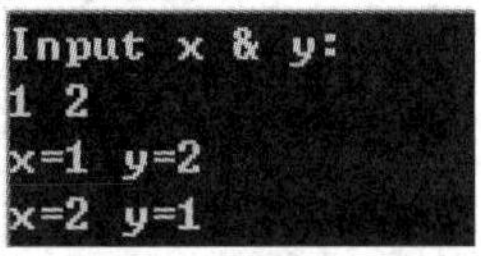

【例 3.15】　输入一个 double 类型的数，使该数保留小数点后两位，对第三位小数进行四舍五入处理，然后输出此数。

本程序要求先对变量保留两位小数，然后对第 3 位进行四舍五入处理后再输出，而不是输出时保留两位小数。

源程序：

```
#include "stdio.h"
void main( )
{
    double x,y;
    printf("Input x:");
    scanf("%lf",&x);
    printf("x=%f",x);
    y=(int)(x*100+0.5)/100.0;
    printf("y=%f\n",y);
```

```
}
```

运行结果：

```
Input x:
12.3456
x=12.345600
y=12.350000
```

本 章 小 结

通过本章的学习，读者应掌握以下内容：

(1) 顺序结构是指程序中的语句按先后顺序执行，不存在分支、循环和跳转。因此，顺序结构的程序是最简单、最基本的一种程序结构。

(2) C 语言中的语句有表达式语句、函数调用语句、空语句、复合语句、控制语句等几种形式。

(3) 格式输入输出函数。scanf()和 printf()函数是使用频率最高的一对函数。利用它们不仅可以完成各种数据的输入输出操作，而且可以控制输入输出格式，以保证输入数据整齐、规范，输出数据清晰、美观。

(4) 使用 scanf()和 printf()进行输入输出时，格式字符与输入输出数据之间的个数、类型及顺序必须一一对应，且 scanf()函数中的输入项一定是变量的地址。

(5) 字符输入输出函数 getchar()和 putchar()只能用于单个字符的输入输出。

上 机 实 验

一、实验目的

(1) 掌握 printf()和 scanf()的应用。

(2) 掌握 getchar()和 putchar()的应用。

(3) 掌握顺序结构程序设计方法。

二、实验内容

1．验证性实验

(1) 调试并运行下列程序：

```
#include "stdio.h"
void main()
{
    int a,b;
    scanf("%d%d",&a,&b);
    printf("a=%d,b=%d",a,b);
}
```

(2) 调试并运行下列程序：

```
#include "stdio.h"
void main()
{
    int a,b;
    scanf("a=%db=%d",&a,&b);
    printf("a=%d,b=%d",a,b);
}
```

(3) 运行以下程序，输入给定的数据，记录程序输出结果。

```
#include "stdio.h"
void main()
{   int a,b,c;
    float x;
    double y;
    printf("Input a,b,c,x,y:\n");
    scanf("%d%d%d",&a,&b,&c);
    scanf("%f%lf",&x,&y);
    printf("a=%d,b=%d,c=%d\n",a,b,c);
    printf("x1=%f\ty1=%f\n",x,y);
    printf("x2=%12.2e\ty2=%10.2e\n",x,y);
}
```

输入数据为：1、2、3、12.345、456.789。

(4) 运行以下程序，输入大写字母，记录程序输出结果。

```
#include "stdio.h"
void main()
{
    char c1,c2;
    c1=getchar( );
    c2=c1+32;
    putchar(c1);
    putchar(c2);
    printf("%4d%4d\n",c1,c2);
}
```

(5) 输入并运行以下程序：

```
#include "stdio.h"
void main()
{
    char c1,c2,c3,c4,c5,c6;
    scanf("%c%c%c%c",&c1,&c2,&c3,&c4);
    c5=getchar();
```

```
        c6=getchar();
        putchar(c1);
        putchar(c2);
        printf("%c%c\n",c5,c6);
    }
```

从键盘输入下列数据：

123

456

写出程序结果。

2．设计性实验

(1) 编写程序完成输入一个字母，输出它的后继字母，例如输入 'a'，则输出 'b'。

(2) 编写程序完成输入两个整数，求出它们的商和余数并输出。

(3) 编写程序，用 getchar()函数读入两个字符给 c1、c2，然后分别用 putchar()函数和 printf()函数输出这两个字符。

练　习　题

一、选择题

1．已知“int a,b;”，用语句“scanf("%d%d",&a,&b);”输入 a,b 的值时，以下不能作为输入数据分隔符的是(　　)。

A) ，　　B) 空格　　C) 回车　　D) Tab 键

2．设变量 n 为 float 类型，m 为 int 类型，则以下能实现将 n 中的数值保留小数点后两位，第 3 位进行四舍五入运算的表达式是(　　)。

A) n=(n*100+0.5)/100.0　　B) m=n*100+0.5,n=m/100.0

C) n=n*100+0.5/100.0　　D) n=(n/100+0.5)*100.0

3．若变量已正确说明为 int 类型，要通过语句“scanf("%d%d%d",&a,&b,&c);”给 a 赋值 3，b 赋值 5，c 赋值 8，以下不正确的输入形式是(　　)。

A) 3<回车>
5<回车>
8<回车>

B) 3<回车>
5　8<回车>

C) 3,5,8<回车>

D) 3　5<回车>
8<回车>

4．有以下程序：

```
#include "stdio.h"
void main()
{
    char ch1, ch2;
    printf("请输入一个英文字母\n");
```

```
    scanf("%c",&ch1);
    ch1=ch1+'4'-'2';
    ch2=ch1+'5'-'3';
    printf("%d %c \n", ch1, ch2);
}
```

如果输入字符 A，则程序运行后输出的结果是(　　)。

A) A　C　　B) A　E　　C) C　67　　D) 67　E

5. 若变量已正确说明，要求用“scanf("a=%f,b=%f",&a,&b);”语句使 a=3.12，b=9.0，则以下正确的输入形式是(　　)。

A) 3.12□□9.0↙　　B) a=□□3.12b=□□9↙

C) a=3.12,b=9↙　　D) a=3.12□□,b=9.0 □□↙

6. 下面程序运行的结果是(　　)。

```
#include "stdio.h"
void main( )
{
    int k=11;
    printf("%d,%o,%x\n",k,k,k);
}
```

A) 11,12,11　　B) 11,13,13　　C) 11,013,0xb　　D) 11,13,b

7. 以下程序运行的结果是(　　)。

```
#include "stdio.h"
void main()
{
    int m=7,n=4;
    float a=38.4,b=6.4,x;
    x=m/2+n*a/b+1/2;
    printf("%f\n",x);
}
```

A) 27.000000　　B) 27.500000　　C) 28.000000　　D) 28.500000

8. 有以下程序：

```
void main()
{
    int a, b, c;
    scanf("%d, %d, %d ", a, b, c);
    printf("%d, %d, %d ", ++a, b, c--);
}
```

若从键盘输入：1，2，3↙，则程序运行的结果是(　　)。

A) 1, 2 ,3　　B) 2, 2, 2　　C) 1, 1, 1　　D) 输出错误的结果

9. 以下程序运行的结果是(　　)。

```
void main()
{
    char x=060;
    printf("%d, ",x);
    printf("%c\n,",x);
}
```

A) 48, 0　　B) 48, 48　　C) 60, 60　　D) 60, <

10. 分析下面程序，在键盘上如何输入数据，才能使得变量 a=10, b=20, c1='A', c2='a', x=1.5。

```
void main( )
{
    int a,b;
    float x;
    char c1,c2;
    scanf("%d%d%c%c%f",&a,&b,&c1,&c2,&x);
    printf("a=%d,b=%d,c1=%c,c2=%c,x=%f\n",a,b,c1,c2,x);
}
```

A) 10□20□A□a□1.5↙　　B) 10□20Aa1.5↙

C) 1020Aa1.5↙　　D) 10□20A□a□1.5↙

二、填空题

1. 以下程序的输出结果是____________。

```
#include "stdio.h"
void main()
{
    int x=15, y=5;
    printf("%d ", x%=(y/=2));
}
```

2. 以下程序的输出结果是____________。

```
#include "stdio.h"
void main()
{
    int a=0;
    a+=(a=8);
    printf("%d\n",a);
}
```

3. 下列程序的输出结果是 16.00，请填空。

```
#include "stdio.h"
void main()
```

```
{
    int a=9, b=2;
    float x=__________, y=1.1,z;
    z=a/2+b*x/y+1/2;
    printf("%5.2f\n", z);
}
```

4．以下程序运行后的输出结果是____________。

```
#include "stdio.h"
void main()
{
    int a;
    char c=10;
    float f=100.0;
    double x;
    a=f/=c*=(x=6.5);
    printf("%d ,%d ,%3.1f,%3.1f\n",a,c,f,x);
}
```

5．以下程序运行后的输出结果是____________。

```
# include "stdio.h"
void main()
{
    char c1, c2;
    c1='O' ; c2=65 ;
    putchar(c1);
    putchar(c2);
}
```

三、程序题

1．输入半径和高，求圆的周长和面积、球的体积以及圆锥的体积。

2．编一个程序，要求从键盘上输入一位学生的 3 门课的成绩，计算该学生的总成绩和平均成绩。

3．从键盘输入一个 3 位正整数，然后将该数的每一位数字分别输出。

4．输入一个英文字母(a 和 z 除外)，要求找出它的前驱和后继字母，并将这 3 个字母按从小至大的顺序输出。

第 4 章　选择结构程序设计

本章要点

- if 语句;
- if 语句的嵌套;
- 条件运算符;
- switch 语句;
- 选择结构程序设计。

学习方法建议

学习本章内容应重点掌握 if 语句的执行过程，在此基础上，掌握 if 语句、switch 语句格式及应用，学会编写选择结构程序。本章的难点是 if 语句的嵌套和 switch 语句的应用。

4.1　引　　例

1. 问题描述——学生助学金评定

助学金是高等院校资助贫困学生的一项重要举措，一般助学金的评定要参考学生的学习成绩。假定助学金的评选规则为：综合平均成绩在 90 分及以上的同学可获一等助学金；在 80 分(包括 80 分)至 90 分之间的同学可获二等助学金；在 60 分(包括 60 分)至 80 分之间的同学可获三等助学金；60 分以下的同学不能获助学金。

根据上述要求编写程序，输出学生助学金的评定结果。

2. 引例分析

根据引例的描述可知，编写的程序应该具备对条件进行判断的功能，而且能够在不同的情况下选择不同的方式进行处理，这就需要在程序中运用选择结构的控制语句。

下面将通过对上述引例编程的逐步完善过程，分别介绍使用 if 语句和 switch 语句编写选择结构程序的方法。

用最简单的方式处理评定结果：根据某位同学的成绩判断他能否获助学金，输出不获助学金的提示信息，使用简单 if 语句实现引例的流程图如图 4-1 所示。

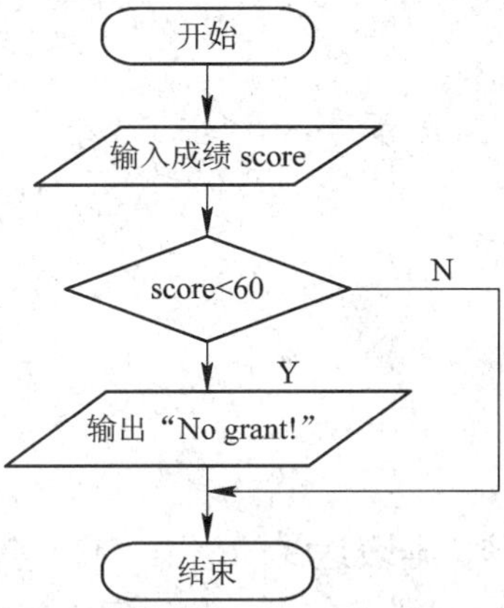

图 4-1　使用简单 if 语句实现引例的流程图

3．程序代码

实现引例算法的程序代码如下：

```
#include<stdio.h>
void main()
{
        int score;
        printf("input score:");
        scanf("%d",&score);
        if (score<60)
            printf("No grant!\n");
}
```

运行结果 1：

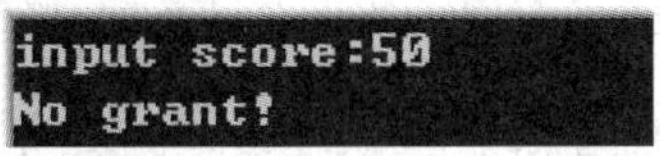

运行结果 2：

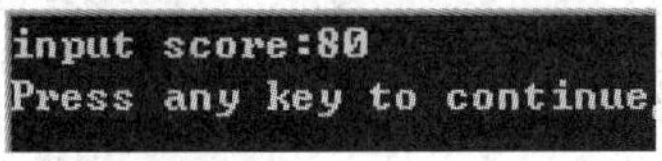

4．程序说明

运行程序时当输入小于 60 的数，则显示“No grant!”，当输入大于或等于 60 的数没有任何显示。程序中的语句“if (score<60) printf("No grant! ");”是简单的 if 语句，根据判定条件只处理一种情况。其中 if 是关键字，圆括号里面的表达式“score<60”被称为关系表达式，形成选择结构中判断或选择的条件。括号后面的语句“printf("No grant!");”是 if 语句的组成部分，它可以是一条基本语句，也可以是控制语句或用花括号括起来的复合语句。

C 语言的 if 语句有 3 种基本形式：if 形式(单分支选择语句)、if...else 形式(二重分支选择语句)和 if...else...if 形式(多重分支选择语句)。

4.2 if 语 句

4.2.1 if 语句

1．单分支选择语句

格式：if (表达式)　语句 1

功能：首先计算表达式的值，若表达式的值为“真”(非 0)，则执行语句 1；若表达式的值为“假”(0)，则直接转到此 if 语句的下一条语句去执行。其流程图如图 4-2 所示。

(1) if 语句中的“表达式”必须用( )括起来。

(2) 当 if(表达式)后面的语句仅由一条语句构成时，可不使用大括号，但是语句 1 由两条或两条以上语句构成的，就必须用大括号{　}括起来构成复合语句。

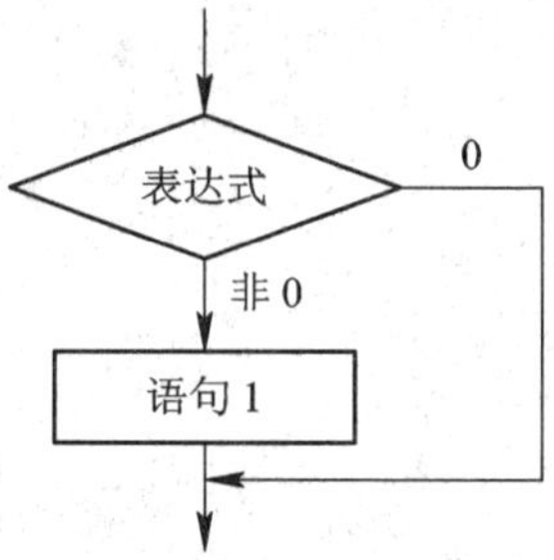

图 4-2　单分支选择语句流程图

【例 4.1】　比较两个数，按由大到小的顺序输出。

源程序：

```
#include<stdio.h>
void main()
{
    int a,b,x;
    scanf("a=%d,b=%d",&a,&b);          /*输入 a 和 b 的值*/
    if (a<b)
        { x=a; a=b; b=x; }             /*如果 a<b，则交换 a 与 b 单元的内容*/
    printf("a=%d,b=%d\n",a,b);
}
```

运行结果 1：

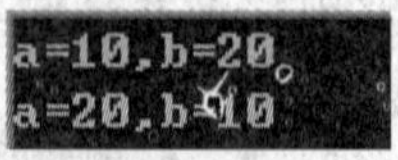

运行结果 2：

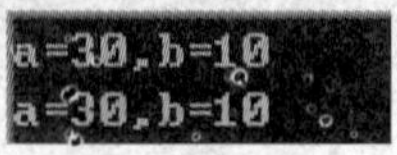

2. 二重分支选择语句

格式：

```
if(表达式)
        语句 1
else
        语句 2
```

功能：首先计算表达式的值，若表达式的值为“真”(非 0)，则执行语句 1；若表达式的值为“假”(0)，则执行语句 2。其流程图如图 4-3 所示。

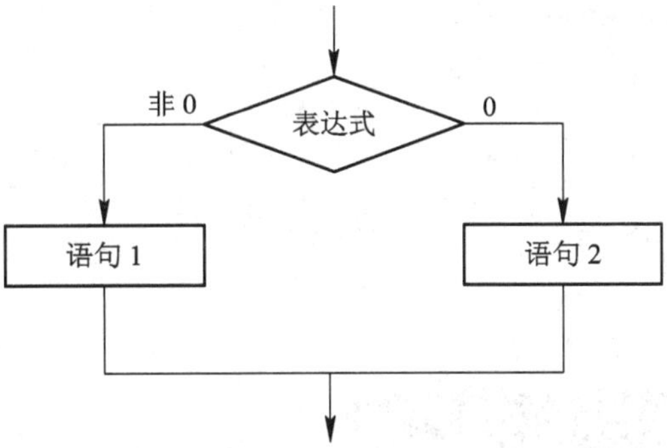

图 4-3　二重分支选择语句流程图

【例 4.2】　由 4.1 节引例的运行结果可知，当输入一个大于 60 分的成绩时，程序无任何显示。因此，有必要进一步补充助学金评定结果的信息，无论结果如何，都给出提示信息。

程序代码修改如下：

```
#include<stdio.h>
void main()
{
    int score;
    printf("input score:");
    scanf("%d",&score);
    if (score<60)
        printf("Sorry! You don't get a grant.\n ");
    else
        printf("Congratulations! You may get grant money. \n");
}
```

运行结果 1：

```
input score:80
Congratulations! You may get grant money.
```

运行结果 2：

```
input score:40
Sorry! You don't get a grant.
```

在上述程序中，使用 else 语句补充处理了获取助学金的情况。if...else 语句为二重分支选择语句，通过判别条件的成立与否需要处理两种情况。

【例 4.3】 从两个数中找出较大的数。

源程序:

```
#include<stdio.h>
void main()
{
    int a,b,max;
    printf("input two scores: ");
    scanf("%d%d",&a,&b);
    if (a>b) max=a;
    else max=b;
    printf("max=%d\n",max);
}
```

运行结果:

```
input two scores: 60 90
max=90
```

在上述程序中输入两个数 a 和 b，用 if 语句判别 a 与 b 的大小，如果 a 大于 b，则把 a 赋予 max，否则(a 小于或等于 b)把 b 赋予 max。因此，max 中总是大数，最后输出 max 值。

【例 4.4】 输入任意 3 个整数 num1、num2、num3，求这 3 个整数中的最大值。

源程序:

```
#include<stdio.h>
void main()
{
    int num1,num2,num3,max;
    printf("Please input three numbers:");
    scanf("%d,%d,%d",&num1,&num2,&num3);
    if (num1>num2)
        max=num1;
    else
        max=num2;
    if (num3>max)
        max=num3;
    printf("The three numbers are:%d,%d,%d\n",num1,num2,num3);
    printf("max=%d\n",max);
}
```

运行结果:

```
Please input three numbers:6,25,20
The three numbers are:6,25,20
max=25
```

此程序首先把 num1 与 num2 中的值进行比较，将两个数的大者存入 max 变量中，再把 max 与 num3 进行比较，找到其中的最大数。

3．多重分支选择语句

格式：

```
if (表达式 1)  语句 1
else if (表达式 2)  语句 2
else if (表达式 3)  语句 3
⋮
else if (表达式 n)  语句 n
else   语句  n+1
```

功能：首先计算表达式的值，若第 i 个表达式的值为非 0，则执行语句 i(1≤i≤n)；若所有表达式的值都为 0，则执行语句 n+1。执行过程如图 4-4 所示。

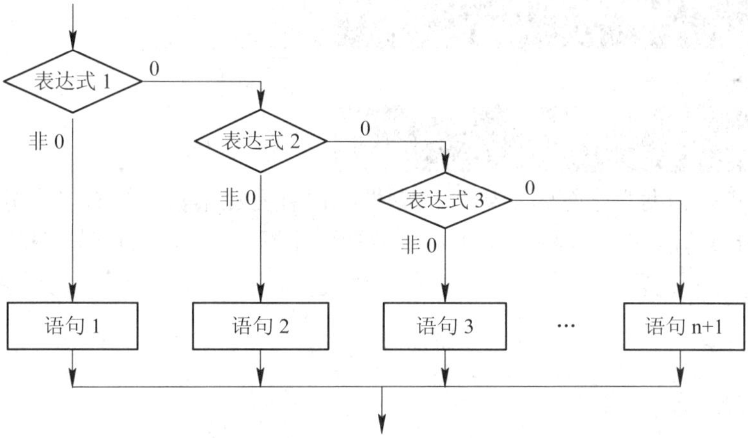

图 4-4　多重分支选择语句流程图

【例 4.5】　例 4.2 使用 if...else 语句完善了助学金评定引例，实际上引例显示的信息仍然有限。希望程序依据某位同学的成绩可以判断出他能否获取助学金，而且还可以详细地显示助学金的等级。

引例的程序代码修改如下：

```
#include<stdio.h>
void main()
{
    int score;
     printf("input a score(0~100):");
     scanf("%d",&score);
     if (score<=100 && score>=90) /*90 分及以上为一等助学金*/
```

```
        printf("Grant grade : 1\n");
    else if (score>=80)            /*80 分(包括 80 分)至 90 分之间为二等助学金*/
        printf("Grant grade: 2\n");
    else if (score>=60)            /*60 分(包括 60 分)至 80 分之间为三等助学金*/
        printf("Grant grade : 3\n");
    else                           /*60 分以下不能获取助学金*/
        printf("No grant!\n");
}
```

运行结果 1：

```
input a score(0~100):98
Grant grade : 1
```

运行结果 2：

```
input a score(0~100):85
Grant grade: 2
```

运行结果 3：

```
input a score(0~100):70
Grant grade : 3
```

运行结果 4：

```
input a score(0~100):50
No grant!
```

以上程序实现了助学金等级的判别，提供的信息更加丰富。当有多个分支选择时，可采用 if...else...if 语句形式，其特点是在 else 的后面不断包含另外的 if 语句。

【例 4.6】 判定输入一个字符的类别，比如是数字、小写字母、大写字母、控制字符或其他字符。

源程序：

```
#include<stdio.h>
void main()
{
    char c;
    printf("input a character: ");
    c=getchar();
    if(c<32)                    /*判定是否为控制字符*/
        printf("This is a control character\n");
    else if(c>='0'&&c<='9')     /*判定是否为数字字符*/
        printf("This is a digit\n");
    else if(c>='A'&&c<='Z')     /*判定是否为大写字母*/
        printf("This is a capital letter\n");
    else if(c>='a'&&c<='z')     /*判定是否为小写字母*/
        printf("This is a small letter\n");
```

```
    else                        /*判定是否为其他字符*/
        printf("This is an other character\n");
}
```

运行结果 1：

```
input a character: 8
This is a digit
```

运行结果 2：

```
input a character: A
This is a capital letter
```

运行结果 3：

```
input a character: =
This is an other character
```

运行结果 4：

```
input a character:
This is a control character
```

运行结果 5：

```
input a character: b
This is a small letter
```

字符的类型可以根据它的 ASCII 码来判别，从 ASCII 码表可知 ASCII 值在 0～9 为数字，在 A～Z 为大写字母，在 a～z 为小写字母，小于 32 的为控制字符，其余则为其他字符。

注意：

- 在 3 种形式的 if 语句中，在 if 关键字之后的均为表达式。该表达式通常是逻辑表达式或关系表达式，但也可以是其他表达式，如赋值表达式等，甚至也可以是一个变量。示例如下：

  ```
  if(a=5) 语句;
  if(b) 语句;
  ```

  这些都是允许的。表达式的值只要为非 0，即为“真”。
- 在 if 语句中，条件判断表达式必须用括号括起来，在语句之后必须加分号。
- 在 if 语句的 3 种形式中，所有的语句应为单个语句，如果要想在满足条件时执行一组(多个)语句，则必须把这一组语句用{}括起来组成一个复合语句。

4.2.2　if 语句的嵌套

通过前面的学习，知道依据条件的判别结果，if 形式的简单分支语句适于处理一个分支的情形；if...else 形式的二重分支语句适于处理两条分支的情形；使用 if...else...if 语句则实现多分支选择。实际上，if...else...if 形式多分支选择语句就是一种 if 语句的嵌套形式，其嵌套的方式是在 else 后面不断包含另外的 if 语句，这种形式使用得最广泛。

嵌套 if 语句是指作为另一个 if 或 else 的内嵌语句的 if 语句。使用 if 语句的嵌套结构，实质上是为了进行多分支选择。

嵌套 if 语句一般形式如下：

```
if()
  if()     语句 1
  else     语句 2
else
  if()     语句 3
  else     语句 4
```

【例 4.7】　使用嵌套的 if 语句实现根据成绩的取值范围进行处理的功能，处理方式分为两种情况：有或者没有助学金，如果有则进一步判别等级是一等、二等或三等助学金。

源程序：

```
#include<stdio.h>
void main()
{
      int score;
      printf("input score value between 0 and 100: ");
      scanf("%d",&score);
      if (score>=60)
         {  if (score<80)
                 printf("Grant grade: 3\n");
            else {    if (score<90)
                            printf("Grant grade: 2\n");
                      else    printf("Grant grade: 1\n");
                 }
         }
      else    printf("No grant!\n");
}
```

运行结果 1：

```
input a score(0~100):98
Grant grade : 1
```

运行结果 2：

```
input a score(0~100):85
Grant grade: 2
```

运行结果 3：

```
input a score(0~100):70
Grant grade : 3
```

运行结果 4：

```
input a score(0~100):50
No grant!
```

该程序首先按照成绩的分数值处理了有无助学金两种情况，所以使用了 if...else 语句，但是若要显示获取助学金的详细信息，处理的方法是在 if 后面的内嵌语句位置又使用了 if...else 语句。

【例 4.8】　if 语句的嵌套应用。

源程序：

```
#include<stdio.h>
void main()
{
    int a,b;
    printf("input a,b=");
    scanf("%d,%d",&a,&b);
    if (a>b)
        printf("a>b \n");
    else                                    /*此 else 与距离它最近的 if(a>b)配对*/
        if(a<b)   printf("a<b \n");
        else      printf("a=b \n");         /*此 else 与距离它最近的 if(a<b)配对*/
}
```

运行结果 1：

```
input a,b=12, 20
a>b
```

运行结果 2：

```
input a,b=20, 16
a>b
```

运行结果 3：

```
input a,b=20,20
a=b
```

在嵌套时内嵌的 if 语句既可以嵌套在 if 子句中，也可以嵌套在 else 子句中，此程序内层的 if 语句嵌套在外层的 if 语句的 else 子句中。

注意：

- if 与 else 的匹配原则：else 与距离它最近的未配对的 if 配对。

4.2.3　条件运算符

条件运算符要求有 3 个操作对象，称三目(元)运算符。条件表达式的一般格式如下：

表达式 1?表达式 2:表达式 3

如果“表达式 1”的值为非 0(即真)，则运算结果等于“表达式 2”的值；否则，运算结果等于“表达式 3”的值。例如：

```
x=a>b?a:b
```

当 a=2，b=1 时，x=2。

条件运算符的优先级高于赋值运算符，但低于关系运算符和算术运算符。其结合性为“从右到左”(即右结合性)。示例如下：

```
x=a>b?a:(c>d?c:d)
```

当 a=1，b=2，c=3，d=4 时，x=4。

【例 4.9】 从键盘上输入一个字符，如果它是大写字母，则把它转换成小写字母并输出；否则，直接输出。

源程序：

```
#include<stdio.h>
void main()
{
    char ch;
    printf("Input a character: ");
    scanf("%c",&ch);                        /*输入一个字符*/
    ch=(ch>='A'&&ch<='Z')?(ch+32):ch;   /*若是大写字母则转换成小写字母，否则直接输出*/
    printf("ch=%c\n",ch);
}
```

运行结果：

```
Input a character: A
ch=a
```

由于大写字母的 ASCII 码值比小写字母的 ASCII 码值小 32，所以“ch+32”表示将大写字母转换成小写字母，“ch-32”表示将小写字母转换成大写字母。

4.3　switch 语句

C 语言还提供了另一种用于多分支选择的 switch 语句，这种语句把一个表达式的值和一个整数或字符常量表中的元素逐一进行比较，发生匹配时，与匹配常数关联的语句将被执行。

switch 语句的一般形式如下：

```
switch(表达式)
{    case    常量表达式 1：语句 1；[break;]
     case    常量表达式 2：语句 2；[break;]
                  ⋮
     case    常量表达式 n ：语句 n；[break;]
     [default：语句 n+1；[break; ]]
}
```

执行过程如下：

(1) 当 switch 后面“表达式”的值与某个 case 后面的“常量表达式”的值相同时，就执行该 case 后面的语句，当执行到 break 语句时，跳出 switch 语句，转向执行 switch 语句的下一条。若后面没有加上 break 语句，则将自动转到该 case 语句的后面的语句去执行，直到遇到 switch 语句的右大括号或遇到 break 语句为止，结束 switch 语句。

(2) 如果没有任何一个 case 后面的“常量表达式”的值与“表达式”的值匹配，则执行 default 后面的语句。然后再执行 switch 语句的下一条。

(3) 如果没有 default 部分，则将不执行 switch 语句中的任何语句，而直接转到 switch 语句后面的语句去执行。

(4) 各 case 及 default 子句的先后次序不影响程序执行结果。

(5) 多个 case 子句可共用同一语句。

(6) 用 switch 语句实现的多分支结构程序，完全可以用 if 语句或 if 语句的嵌套来实现。

注意：

- switch 后面的“表达式”，可以是 int、char 和枚举型中的一种。
- 每个 case 后面“常量表达式”的值，必须各不相同。

【例 4.10】 使用 swicth 语句实现“助学金评定”引例的编程，完成助学金等级的判别。

源程序：

```
#include<stdio.h>
void main()
{
    int   score;
    printf("input score value between 0 and 100: ");
    scanf("%d", &score);
    switch (score/10)
     {
        case 10:
        case 9: printf("Grant grade: 1\n"); break;
        case 8: printf("Grant grade:2\n"); break;
        case 7:
        case 6: printf("Grant grade 3\n"); break;
        case 5:
        case 4:
        case 3:
        case 2:
        case 1:
        case 0: printf("No grant!\n"); break;
        default: printf("The   score   is   out   of   range!\n");
    }
}
```

运行结果 1：

```
input a score(0~100):98
Grant grade : 1
```

运行结果 2：

```
input a score(0~100):85
Grant grade: 2
```

运行结果 3：

```
input a score(0~100):70
Grant grade : 3
```

运行结果 4：

```
input a score(0~100):50
No grant!
```

当输入一个分数给变量 score 时，首先计算表达式 score/10 的值，将其值和 case 后的常量值匹配，一旦找到匹配值，则转向执行 case 对应的语句，遇到 break 语句时跳出 switch 语句体。如果没有匹配值，则执行 default 后面的语句。

由此可见，switch 语句包括两部分：一个表达式和多个 case 对应的语句序列构成的语句体，其中每个 case 语句形成多路选择的一个分支。

4.4　程序设计举例

【例 4.11】　有一函数　$y=\begin{cases}x & (x<1)\\ 2x-1 & (1\leqslant x<10)\\ 3x+1 & (x\geqslant 10)\end{cases}$

编写一程序，假设 x 为整型，若输入 x 值，则输出对应的 y 值。

源程序：

```
#include<stdio.h>
void main()
{
    int x,y;
    printf("input x:");
    scanf("%d",&x);
    if(x<1)
        y=x;
    else  if(x<10)          /*此时 x≥1，再判断 x<10，则相当于满足条件(1≤x<10)*/
        y=2*x-1;
    else
        y=3*x+1;            /*前面判断 x 不小于 1，也不小于 10 即满足条件 x≥10*/
    printf("y=%d\n",y);
}
```

运行结果 1：

```
input x:-1
y=-1
```

运行结果 2：

```
input x:5
y=9
```

运行结果 3：

```
input x:20
y=61
```

程序运行 3 次，x 分别输入−1，5，20，显示 y 的值分别为−1，9，61。

【例 4.12】　求一元二次方程 $ax^2+bx+c=0$ 的解($a\neq0$)。

源程序：

```
#include<stdio.h>
#include<math.h>
void main()
{   float a,b,c,disc,x1,x2;
    scanf("%f,%f,%f", &a, &b, &c);              /*输入一元二次方程的系数 a、b、c*/
    disc=b*b-4*a*c;
    if (fabs(disc)<=1e-6)                       /*fabs()为绝对值函数*/
         printf("x1=x2=%7.2f\n", -b/(2*a));     /*输出两个相等的实根*/
     else if (disc>1e-6)
         {    x1=(-b+sqrt(disc))/(2*a);         /*求出两个不相等的实根*/
              x2=(-b-sqrt(disc))/(2*a);
              printf("x1=%7.2f,x2=%7.2f\n", x1, x2);}
     else
          printf("无实根");                      /*输出无实根*/
}
```

运行结果 1：

```
1,2,1
x1=x2=  -1.00
```

运行结果 2：

```
2,6,4
x1=  -1.00,x2=  -2.00
```

运行结果 3：

```
4,1,1
无实根
```

从上述程序中可以看出，由于实数在计算机中存储时，经常会有一些微小误差，判断 disc 是否为 0 的方法是通过判断 disc 的绝对值是否小于一个很小的数(例如 10^{-6})。

【例 4.13】 任意输入 4 个整数 a、b、c、d，由大到小排序后输出，其中最大的放在 a 中，最小的放在 d 中。(例如，输入 5　6　7　8，输出结果为 8, 7, 6, 5)

源程序：

```
#include <stdio.h>
void main()
{int a,b,c,d,t;
 scanf("%d%d%d%d",&a,&b,&c,&d);
 if(a<b) {t=a;a=b;b=t;}
 if(a<c) {t=a;a=c;c=t;}
 if(a<d) {t=a;a=d;d=t;}
 if(b<c) {t=b;b=c;c=t;}
 if(b<d) {t=b;b=d;d=t;}
 if(c<d) {t=c;c=d;d=t;}
 printf("%d,%d,%d,%d\n",a,b,c,d); }
```

运行结果：

```
5 6 7 8
8,7,6,5
```

此程序首先输入 4 个整数 a、b、c、d，用 if 判断 a 和 b、a 和 c、a 和 d，保证最大的放在 a 中。然后用 if 判断 b 和 c、b 和 d，保证剩下的 3 个数中最大的放在 b 中，最后用 if 判断 c 和 d，保证剩下的两个数中最大的放在 c 中，最小的放在 d 中。

本 章 小 结

通过本章的学习，读者应掌握以下内容：

(1) 选择结构。C 语言提供了可以进行逻辑判断的选择语句，由选择语句构成选择结构，将根据逻辑判断的结果决定程序的不同流程。选择结构是结构化程序设计的 3 种基本结构之一。选择结构可以用 if 语句和 switch 语句来实现。

(2) if 语句。if 语句有 3 种形式。if 语句可以不带 else 子句，但 else 子句不能离开 if 子句单独使用。if 子句和 else 子句语法上必须是一条语句，若需要执行多个语句时，必须以复合语句的形式出现。

(3) switch 语句。在 switch 语句中可以使用 break 语句，注意使用和不使用 break 语句的区别。

(4) 条件语句嵌套。if 语句和 switch 语句都可以嵌套。

(5) 条件运算符也称三目(元)运算符。条件表达式的一般格式如下：

表达式 1?表达式 2:表达式 3

上 机 实 验

一、实验目的

(1) 学会利用 if 语句编写选择结构程序。

(2) 学会利用 switch 语句编写选择结构程序。

二、实验内容

1．验证性实验

(1) 调试并运行下列程序，并说明该程序的功能。

```
#include "stdio.h"
void main()
{   int x;
    scanf("%d",&x);
    if(x%3==0||x%7==0)   printf("%4d",x);
}
```

(2) 调试并运行下列程序，此程序为判别年份是否为闰年。判断闰年的条件为下面二者之一：

① 能被 4 整除，但不能被 100 整除。

② 能被 400 整除。

```
#include<stdio.h>
void main()
{    int year;
     scanf("%d",&year);
     if ((year%4==0 && year%100!=0)||(year%400==0))
        printf("Yes");
     else
        printf("No");
}
```

2．设计性实验

(1) 请将以下语句改写成 switch 语句：

```
if (score>=90 || score ==100)   grade=5;
else if (score>=80)   grade=4;
else if (score>=70)   grade=3;
else if (score>=60)   grade=2;
else grade=1;
```

(2) 下面程序实现功能要求：输入整数 a、b，若 $a^2+b^2>100$，则输出 a^2+b^2 和的百位及以上的数字，否则输出两个数之和。请在程序空白的地方填上适当的语句或语句体。

```
#include "stdio.h"
void main()
{
   int a,b;
   scanf("%d%d",_____①_____);
   if(a*a+b*b>100)   printf("%d",_____②_____);
   else printf("%d",_____③_____);
}
```

练　习　题

一、选择题

1．设 x、y 和 z 都是 int 型变量，且 x=3，y=4，z=5，则下面表达式中值为 0 的是(　　)。

A) x&&y　　B) x<=y　　C) x||++y&&y-z　　D) !(x<y&&!z||1)

2．若有条件表达式“(exp)?a++:b—”，则以下表达式中能完全等价于表达式“(exp)”的是(　　)。

A) (exp==0)　　B) (exp!=0)　　C) (exp==1)　　D) (exp!=1)

3．判断 char 型变量 cl 是否为大写字母的正确表达式是(　　)。

A) 'A'<=cl<='Z'　　B) (cl>=A)&&(cl<=Z)

C) ('A'>=cl)||('Z'<=cl)　　D) (cl>='A')&&(cl<='Z')

4．以下 4 个选项中，不能看做一条语句的是(　　)。

A) ;　　B) a=5,b=2.5,c=3.6;

C) if(a<5);　　D) if(b!=5)x=2;y=6;

5．有如下程序：

```
int a=14,b=15,x;
char c='A';
x=(a&&b)&&(c<'B');
```

执行该程序后，x 的值为(　　)。

A) true　　B) false　　C) 0　　D) 1

6．有如下程序：

```
#include "stdio.h"
void main()
{
    float x=2.0,y;
    if(x<0.0)y=0.0;else if(x>10.0)y=1.0/x;
    else y=1.0;
    printf("%f\n",y);
}
```

该程序的输出结果是(　　)。

A) 0.000000　　　　　B) 0.250000　　　C) 0.500000　　　D) 1.000000

7. 在 C 程序中，判断逻辑值时，用非 0 表示逻辑值“真”，又用 0 表示逻辑值“假”。在求逻辑值时，用(　　)表示逻辑表达式值为“真”，又用(　　)表示逻辑表达式值为“假”。

A) 1　0　　　　　B) 0　1　　　　　C) 非 0　非 0　　　D) 1　1

8. 有如下程序：

```
#include "stdio.h"
void main()
{
    int a=2,b=-1,c=2;
    if(a<b)
    if(b<0)c=0;
    else c++;
    printf("%d\n",c);
}
```

该程序的输出结果是(　　)。

A) 0　　　　　B) 1　　　　　C) 2　　　　　D) 3

9. 以下能正确表示逻辑关系“a≥10 或 a≤0”的 C 语言表达式是(　　)。

A) a>=10 or a<=0　　　　　B) a>=0|a<=10

C) a>=10 &&a<=0　　　　　D) a>=10 || a<=0

10. 设 a、b、c 为整型变量，以下能正确表达数学关系“a<b<c”的 C 语言表达式是(　　)。

A) a<b<c　　　　　B) a<b，b<c

C) a<b&&b<c　　　　　D) !(a>b)&&!(b>c)

11. 已知“int x=3,y=3;”，则执行表达式“++x||++y”后，变量 y 的值是(　　)。

A) 1　　　　　B) 3　　　　　C) 4　　　　　D) 不确定

12. 设有“int a = 1,b =2,c = 3,d =4,m = 2,n = 2;”，执行“(m = a>b)&&(n = c>d)”后 n 的值为(　　)。

A) 1　　　　　B) 2　　　　　C) 3　　　　　D) 4

13. 设有定义语句“char c='b';”，则表达式“c=(c>='a'&&c<='z')?(c-32):c”的值是(　　)。

A) 'A'　　　　　B) 'B'　　　　　C) 'C'　　　　　D) 'b'

14. 下面程序的输出结果是(　　)。

```
#include "stdio.h"
void main()
{
  int x=10,y=20,t=0;
   if(x==y)
   t=x;x=y;y=t;
   printf("%d %d\n ",x,y);
}
```

A) 10　10　　B) 10　20　　C) 20　10　　D) 20　0

15. 设 a、b、c、x 均为整型变量，下列程序段运行后 x 的值是(　　)。

```
a=b=c=0;x=35;
if (!a) x--;else if(b); if (c)x=3;else x=4;
```

A) 4　　B) 3　　C) 35　　D) 34

16. 以下程序的执行结果是(　　)。

```
#include "stdio.h"
void main()
{
    int w=4,x=3,y=2,z=1;
    printf("%d",w<x?w:z<y?z:x );
}
```

A) 1　　B) 2　　C) 3　　D) 4

17. 以下程序输出结果是(　　)。

```
#include "stdio.h"
void main()
{
   int x=1,y=0,a=0,b=0;
    switch(x)
    {    case 1: switch(y)
                {    case 0:a++;break;
                     case 1:b++;break;
                }
         case 2:a++;b++;break;
     }
     printf("%d, %d",a,b );
}
```

A) 2,1　　B) 1,1　　C) 1,0　　D) 2,2

18. 以下程序的运行结果是(　　)。

```
#include "stdio.h"
void main()
{
    int m =5 ;
    if (m++>5)  printf("%d\n ", m);
    else        printf("%d\n ", m--);
}
```

A) 4　　B) 5　　C) 6　　D) 7

19. 以下程序的输出结果是(　　)。

```
#include "stdio.h"
```

```
void main()
{
    int i=1,j=2,k=3;
    if(i++==1&&(++j==3||k++==3))
    printf("%d,%d,%d\n",i,j,k);
}
```

A) 1,2,3　　B) 2,3,4　　C) 2,2,3　　D) 2,3,3

二、填空题

1．下列程序的运行结果为__________。

```
#include "stdio.h"
void main( )
{
    int a,b,c;
    a=10;b=50;c=30;
    if(a>b)
        a=b,b=c;
    c=a;
    printf("a=%d,b=%d,c=%d",a,b,c);
}
```

2．若执行以下程序时从键盘上输入 9，则程序的运行结果为__________。

```
#include "stdio.h"
void main( )
{
    int n;
    scanf("%d",&n);
    if(n++<10)    printf("%d",n);
    else   printf("%d",n--);
}
```

3．下列程序的运行结果为__________。

```
#include "stdio.h"
void main()
{
    int a=10, b=0 ;
    if (a=12)
    {   a = a+1; b = b+1;
    }
    else
    {   a = a+4; b = b+4;
```

```
    }
    printf("%d ,%d\n ", a, b);
}
```

4．下列程序的运行结果为____________。

```
#include "stdio.h"
void main( )
{
    int a=5,b=4,c=3,d;
    d=(a>b>c);
    printf("%d\n",d);
}
```

5．下列程序的运行结果为____________。

```
#include "stdio.h"
void main()
{
    int s;
    if (s=2)
        printf("hello");
    else
        printf("error");
}
```

6．若从键盘输入 58，则以下程序输出的结果是____________。

```
#include "stdio.h"
void main( )
{   int a;
    scanf("%d",&a);
    if(a>50) printf("%d",a);
    if(a>40) printf("%d",a);
    if(a>30) printf("%d",a);
}
```

三、编程题

1．编程输入一个字母，若为小写，则把它变成大写并输出。

2．由键盘输入 3 个数 a、b、c，编程输出其中最小的数。

3．编写程序，实现以下功能：从键盘上输入 1，2，3，4，分别显示 excellent，good，pass，fail。

4．试编程判断输入的整数是否既是 5 又是 7 的整倍数。若是，则输出 yes；否则输出 no。

5．对于给定的百分制成绩，要求输出相应的五分制成绩，即 90 分及以上为 A，80～90 分为 B，70～79 分为 C，60～69 分为 D，60 分以下为 E。

第 5 章　循环结构程序设计

本章要点

- while、do...while、for 3 种循环语句；
- continue 和 break 语句；
- 循环的嵌套；
- 循环结构程序的应用举例。

学习方法建议

学习本章内容时，应重点掌握 3 种循环语句的基本流程，并在此基础上理解循环嵌套的应用。要求多读程序，理解编程的算法、编程的思路，并仿照例题多编程序、上机练习，真正掌握循环结构程序的设计方法。

5.1　引　　例

1．问题描述——统计学生某门课程的平均成绩

每学期期末，通常需要对各门课程的教学情况进行总结。其中，统计课程的平均成绩是考查教学效果的重要评定参数。假设某班 40 位同学选修了 C 语言程序设计，要求统计该门课程的平均成绩。

2．引例分析

要想统计课程的平均成绩，应先求出所有学生的成绩总和，然后用人数去除总成绩可得结果。设定变量 sum 表示总成绩，令其初值为零，即“sum=0;”，定义变量 score 用来表示某位同学的成绩。编程具体步骤如下：

(1) 首先输入第 1 位同学的成绩，在总成绩中计入其成绩，即执行以下语句：

```
scanf("%d",&score);
sum=sum+score;
```

(2) 接着输入第 2 位同学的成绩，在已得到的总成绩基础上累加，即继续执行以下语句：

```
scanf("%d",&score);
sum=sum+score;
```

(3) 再输入第 3 位同学的成绩，然后计入总成绩。

(4) 继续输入第 i 位同学的成绩，计算总成绩，即执行以下语句：

```
scanf("%d",&score);
sum=sum+score;
```

重复执行 40 次，得到 40 位同学的总成绩，将其值存在 sum 中。

(5) 计算平均成绩。用变量 avg 表示该门课程的平均值，则有 avg=sum/40。

求课程平均成绩的流程图如图 5-1 所示。

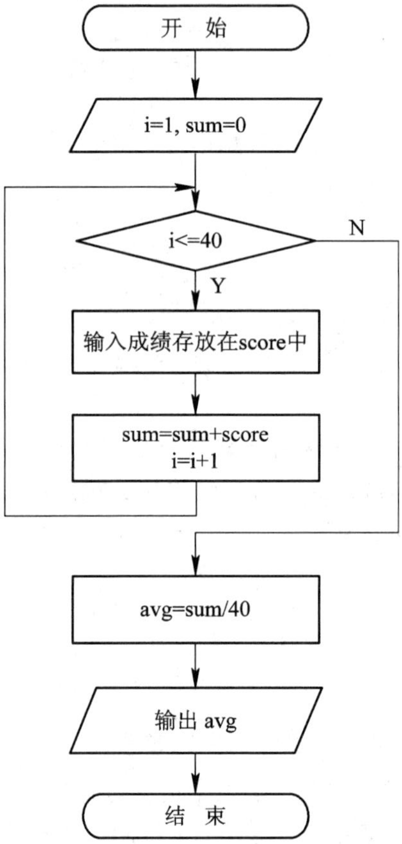

图 5-1　求课程平均成绩的流程图

3. 程序代码

源程序：

```
#define N 40
#include<stdio.h>
void main()
{   int i=1,sum=0;                  /*初始化循环控制变量 i 和累加器 sum*/
    int score;                      /*定义存放成绩的变量 score*/
    float avg;                      /*定义存放平均成绩的变量 avg*/
    while(i<=N)
      {     scanf("%d",&score);     /*输入第 i 位同学的成绩*/
```

```
        sum+=score;                 /*实现累加*/
        i++;                        /*循环控制变量 i 增 1*/
    }
    avg=(float)sum/N;               /*计算平均值*/
    printf("avg=%.2f\n",avg);
}
```

本程序第 7 行到第 11 行的语句实现计算总成绩的功能。此处使用了一个 while 语句，由表达式(关系表达式 i<=N)和循环体(复合语句{scanf("%d",&score);sum+=score; i++;})两部分构成。其中，表达式是用来控制循环体是否执行的条件，一般为关系表达式或逻辑表达式，也可以是 C 语言其他类型的合法表达式；循环体是重复执行的语句，可以是基本语句、控制语句，也可以是复合语句。

下面以统计某门课程的平均成绩为例，学习使用 while 语句、do...while 语句和 for 语句编写循环结构的程序。

5.2 while 语句

while 语句用来实现“当型”循环结构。其一般格式如下：

while(表达式) 语句；

while 语句的执行过程是：首先计算表达式的值，若结果是“真”(非 0)值时，则执行 while 语句中的内嵌语句，即循环体；然后再计算表达式的值，重复上述过程，直到表达式的值为“假”(0)时结束，流程控制转到 while 语句的下一个语句。

while 语句中的“表达式”就是循环的条件，其执行过程如图 5-2 所示。其特点是：先判断表达式，后执行语句。

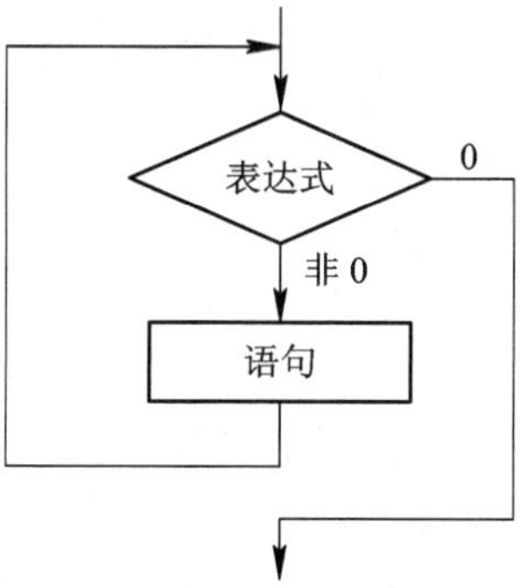

图 5-2 while 语句执行过程

【例 5.1】 用 while 语句求 1～100 的累加和。

源程序：

```
#include<stdio.h>
void main()
{
```

```
    int i=1,sum=0;
    while( i<=100 )
    {
        sum += i;
        i++;
    }
    printf("sum=%d\n",sum);
}
```

运行结果：

```
sum=5050
```

此程序先定义变量 i、sum，并分别赋初值 1 和 0，用 i 表示累加数，sum 表示累加和。在 while 语句中，使 sum 在原有值的基础上加上 i 的值，加完后再使 i 值自动增 1。用 i<=100 作为循环的条件，若 i 的值超过 100 就停止循环。最后输出累加和 sum。

注意：

- 循环体如果包含一个以上的语句，应该用{ }括起来，以复合语句形式出现。如果不加花括号，则 while 语句的循环体只包含一个语句。例如，本例中 while 语句中如无花括弧，则 while 语句范围只到“sum+=i;”语句。
- 在循环体中应有使循环趋向于结束的语句。例如，在本例中循环结束的条件是“i>100”，因此在循环体中应该有使 i 的值最终导致 i>100 的语句，本例是用“i++;”语句来达到此目的的。如果无此语句，则 i 的值始终不改变，循环变量的值永不改变，循环永不结束。

【例 5.2】　求 n!，即求 n 的阶乘，n 由键盘输入。

源程序：

```
#include "stdio.h"
void main( )
{
    int i=1,n;
    float s=1;
    scanf("%d",&n);
    while(i<=n)
    {
        s*=i;
        i++;
    }
    printf("%d!=%.0f\n",n,s);
}
```

运行结果：

```
Input n:10
10!=3628800
```

求阶乘就是求累乘，即求 1 × 2 × 3 × ⋯ × n。这里除用于存放累乘积的变量 s 的初值置为 1 外，其执行过程与累加和相同。

5.3　do...while 语句

do...while 语句用来实现“直到型”循环结构。其一般格式如下：

```
do
    循环体语句
while(表达式);        /*本行末尾的分号不能缺省*/
```

do…while 语句执行过程为：先执行一次指定的循环体语句，然后判别表达式，当表达式的值为非 0(“真”)时，返回重新执行循环体语句，如此反复，直到表达式值等于 0 为止，此时循环结束。

do…while 语句的特点是先执行循环体，然后判断循环条件是否成立。其执行过程如图 5-3 所示。

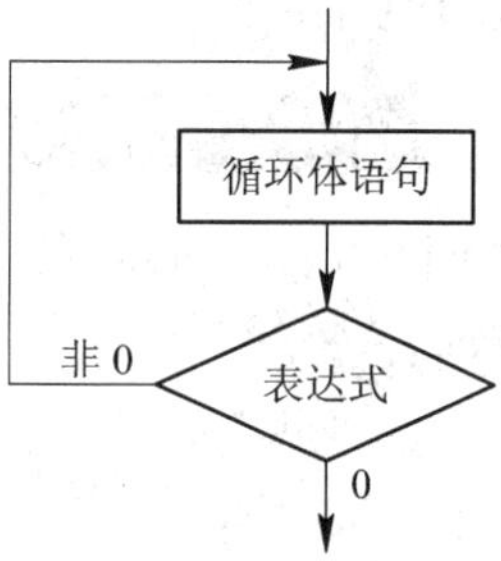

图 5-3　do...while 语句执行过程

【例 5.3】　用 do…while 语句实现引例。

源程序：

```
#include<stdio.h>
void main()
{
    int i=1, sum=0;                 /*定义并初始化循环控制变量 i 及累计器 sum*/
    int score;                      /*定义存放成绩的变量 score*/
    float avg;                      /*定义存放平均成绩的变量 avg*/
    do{
        scanf("%d",&score);         /*输入第 i 位同学的成绩*/
        sum+=score;                 /*实现累加*/
        i++;                        /*循环控制变量 i 增 1*/
     }
     while(i<=40);                  /*循环继续条件：i<=40*/
     avg=(float)sum/40;             /*计算平均值*/
     printf("avg=%.2f\n",avg);
}
```

可见，do…while 语句的结构与 while 语句相同，都由表达式和循环体组成，不同之处在于 do…while 语句先执行循环体，然后再判定条件是否成立。

【例 5.4】　用 do…while 语句求解 1～100 的累加和。

源程序：

```c
#include<stdio.h>
void main()
{
    int i=1, sum=0;
     do
     {     sum += i;
           i++;
     }
     while(i<=100);
     printf("sum=%d\n",sum);
}
```

运行结果：

```
sum=5050
```

【例 5.5】　while 和 do…while 循环的比较。

源程序(1)：

```c
#include "stdio.h"
void main()
{
       int s=0,i;
       scanf ("%d",&i);
       while (i<=10)
       {     s=s+i;
             i++;
       }
       printf("s=%d\n",s);
}
```

运行结果如下：

输入 1↙

s=55

再运行一次

输入 11↙

s=0

源程序(2)：

```c
#include "stdio.h"
void main()
{
       int   s=0,i;
       scanf ("%d",&i);
       do
       {     s=s+i;
             i++;   }
       while (i<=10);
       printf("s=%d\n",s);
}
```

运行结果如下：

输入 1↙

s=55

再运行一次

输入 11↙

s=11

由以上两个程序的运行结果可以看到：当输入 i 的值小于或等于 10 时，二者得到相同结果；而当 i>10 时，二者结果就不同了。这是因为此时对 while 循环来说，一次也不执行循环体，而对 do…while 循环语句来说则要执行一次循环体。while 循环是先判断，而 do…while 循环是后判断。

5.4　for　语　句

在 3 种循环语句中，for 语句最为灵活，不仅可用于循环次数已经确定的情况，也可用于循环次数虽不确定、但给出了循环继续条件的情况。

for 语句的一般格式如下：

　　for(表达式 1；表达式 2；表达式 3)　语句

其语义是：先计算“表达式 1”，再判断“表达式 2”是否为真，若为真则执行循环体；然后计算“表达式 3”；之后再判断“表达式 2”，一直到其值为 0 时结束循环，执行后续语句。

for 语句的执行过程如图 5-4 所示。

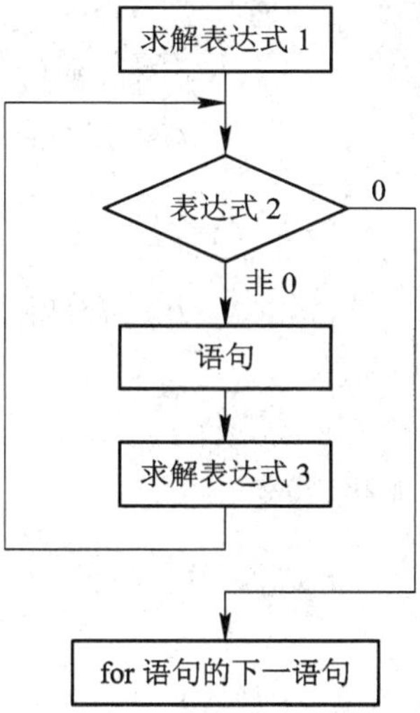

图 5-4　for 语句执行过程

例如，“for (i=1;i<=100;i++)　s=s+i;”的执行过程相当于以下语句：

```
i=1;
while(i<=100)
{    s=s+i;
     i++;
}
```

显然，用 for 语句简单、方便。对于上面 for 语句的一般形式也可以改写成 while 循环的形式：

```
表达式 1;
while (表达式 2)
{
      语句
      表达式 3;
}
```

注意：

- 表达式 1、表达式 2 和表达式 3 可以部分缺省，甚至全部缺省，但其间的分号不能省略。
- 循环体语句中由一条以上语句构成时必须用{ }括起来构成一个复合语句。

【例 5.6】　用 for 语句实现引例。

源程序：

```
#include "stdio.h"
void main()
{
    int i,sum=0,score;
    float avg;
    for (i=1;i<=40;i++)
    {    scanf("%d",&score);                /*输入第 i 位同学的成绩*/
         sum+=score;                        /*实现累加*/
    }
    printf("The sum is %d\n",sum);
    avg=(float)sum/40;                      /*计算平均值*/
    printf("avg=%.2f\n",avg);
}
```

【例 5.7】　求 1～100 的累加和。

源程序：

```
#include "stdio.h"
void main()
{
    int i,sum=0;
    for(i=1; i<=100; i++)
        sum += i;
    printf("sum=%d\n",sum);
}
```

运行结果：

【例 5.8】　求 $t = 1 \times 2 \times 3 \times 4 \times 5 \times \cdots \times n$。

源程序：

```
#include "stdio.h"
void main()
{
    int n, i;
    float   t=1.0;
```

```
        printf("input n:");
        scanf("%d",&n);
        for (i=1;i<=n;i++)
            t=t*i;
        printf("t=%10.0f\n",t);
    }
```

运行结果：

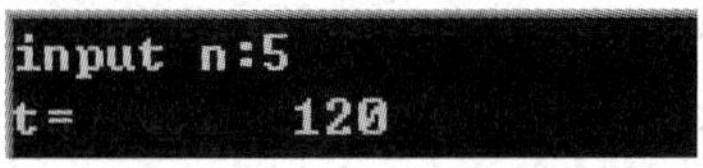

【例 5.9】　求 s=1+1/2+1/3+…1/n。

源程序：

```
    #include "stdio.h"
    void main()
    {   int i,n;
        float s=0;
        printf("input n:");
        scanf("%d",&n);
        for(i=1;i<=n;i++)
            s=s+1.0/i;
        printf("s=%f\n",s);
    }
```

运行结果：

此程序在求 1/2、1/3…时，如果两个操作数都是 int 型，完成的是整除运算，结果为 0，则最后 s 的值是 1。其实这是错误的，应使除数和被除数其中至少有一个数为实型才可以。

5.5　循环的嵌套

一个循环体内又包含另一个完整的循环结构，称这种形式为循环嵌套。

3 种循环(while、do…while、for)可以互相嵌套。例如，下面几种形式都是合法的循环嵌套形式。

(1)
```
while()
{
  …
  while( )
  {…}
}
```

(2)
```
while()
{ …
  do
  {…}
  while();
  ...  }
```

(3)
```
do
{ …
   do
   {…}
   while();
}
while();
```

(4)
```
for( ; ; )
{…
  while()
  {…}
    ...
}
```

(5)
```
for( ; ; )
{
   for( ; ; )
      {…}
}
```

(6)
```
do
{…
   for( ; ;)
   {…}
}
while( );
```

【例 5.10】 百钱买百鸡问题。我国古代数学家张丘建在《算径》中出了这样一道题："鸡翁一，值钱三；鸡母一，值钱五；鸡雏三，值钱一。百钱买百鸡，问鸡翁、鸡母、鸡雏各几何？"。

源程序：

```
#include <stdio.h>
void main()
{   int   x, y, z;
    for(x=0; x<=33; x++)
    for (z=0; z<=99; z=z+3)
    {   y=100-x-z;
        if((y>=0) && (x*3+y*5+z/3==100))
        printf("x=%d, y=%d, z=%d\n", x, y, z);
    }
}
```

运行结果：

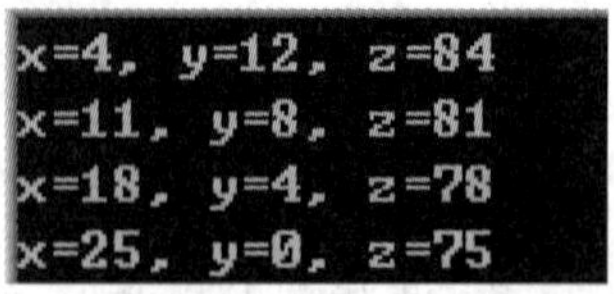

此程序设鸡翁为 x 只、鸡母为 y 只、鸡雏为 z 只，根据题意只能列出两个方程：

x+y+z=100;

3x+5y+z/3=100;

可知此题用代数方法是无法求解的。用穷举法求解的思路是：鸡翁数 x 的值可能是 0～33 中的任何一个值；鸡雏数 z 的值可能是 0～99 中的一个值，并且只能是 3 的倍数。将所有可能出现的情况都一一进行测试，若满足要求就把这种情况输出，作为可能的一个解。

【例 5.11】　编写程序，输出下列图形。

```
    *
   ***
  *****
 *******
*********
```

源程序：

```
#include "stdio.h"
void main( )
{
    int i,j;
    for(i=1;i<=5;i++)
    {   for(j=1;j<=6-i;j++)
            printf(" ");
        for(j=1;j<=2*i-1;j++)
            printf("*");
        printf("\n");
    }
}
```

本程序用双重循环实现，外循环控制行数，内循环控制每行的内容，每行内容均包括 3 部分，即行前空格、一行“*”、换行。行前空格和每行的“*”输出均用循环实现。图形共有 5 行，定义 i 表示行数，其值从 1 到 5 递增。每行前空格的数量分别为 5、4、3、2、1。如果用 i 表示行数，则每行空格与行号 i 的关系为 6–i；每一行“*”的数量分别为 1、3、5、7、9，与行号的关系为 2*i–1。变量 j 分别表示空格数和“*”的个数。

5.6　break 语句和 continue 语句

循环结构的执行是一个重复的过程，直到循环的判断表达式为“假”(表达式值为 0)时才控制循环的结束。在实际应用中，往往还要求在循环的中途退出循环。要满足这种中途退出循环的需要，C 语言提供了 break 语句和 continue 语句。

5.6.1　break 语句

break 语句有两种用途：一是在 switch 中终止一个 case 对应的语句；二是在循环语句中越过常规循环条件的测试，立即强制终止循环。

break 语句一般格式如下：

```
break;
```

功能：在循环中当满足特定条件时，使用 break 语句强行结束循环，转向执行循环语句的下一条语句。

【例 5.12】　break 语句应用。

源程序：

```
#include "stdio.h"
void main()
{
    int r;
    float pi=3.14159,s;
    for (r=1;r<=10;r++)
    {   s=pi*r*r;
        if (s>100)   break;
        printf("r=%d,s=%f\n",r,s);
    }
}
```

运行结果：

```
r=1,s=3.141590
r=2,s=12.566360
r=3,s=28.274311
r=4,s=50.265442
r=5,s=78.539749
```

该程序的作用是：计算 r=1 到 r=10 时的圆的面积，直到面积大于 100 为止。从上面的循环可以看到：当 s>100 时，执行 break 语句，提前结束循环，即不再继续执行其余的循环。

5.6.2　continue 语句

continue 语句一般格式如下：

```
continue;
```

功能：结束本次循环，即跳过循环体中下面未执行的语句，继续进行下一次循环。

【例 5.13】　将 100～200 之间的不能被 3 整除的数输出。

源程序：

```
#include "stdio.h"
void main()
{
    int i;
    for(i=100; i<=200; i++)
    {   if (i%3==0)
            continue;
        printf("%d ",i);
    }
    printf("\n");
}
```

运行结果：

```
100 101 103 104 106 107 109 110 112 113 115 116 118 119 121 122 124 125 127 128
130 131 133 134 136 137 139 140 142 143 145 146 148 149 151 152 154 155 157 158
160 161 163 164 166 167 169 170 172 173 175 176 178 179 181 182 184 185 187 188
190 191 193 194 196 197 199 200
```

当 i 能被 3 整除时，执行 continue 语句，结束本次循环，即跳过 printf()函数，进行下一次循环；当 i 不能被 3 整除时才执行 printf 函数，也进行下一次循环，直到 i>200 停止循环。

由此可见，continue 语句与 break 语句的区别在于 continue 结束本次循环，而不是结束整个循环结构，它还要进行循环条件判断，又有可能继续下一个循环；break 语句是结束整个循环结构，不再进行循环条件的判断。另外，continue 语句只能用在循环语句中，而不能用在 switch 语句和其他语句中。

注意：

- break 能用于循环语句和 switch 语句中，continue 只能用于循环语句中。
- 循环嵌套时，break 和 continue 只影响包含它们的最内层循环，与外层循环无关。

5.7　程序设计举例

【例 5.14】　编程求 $1-\frac{1}{2}+\frac{1}{3}-\frac{1}{4}+\frac{1}{5}+\cdots+\frac{1}{99}-\frac{1}{100}$。

这个题中表达式的变化规律是：

(1) 当分母为奇数时，相加；

(2) 当分母为偶数时，相减。

源程序：

```
#include<stdio.h>
void main()
{
    int i;
    float s=0;                    /*变量赋初值*/
    for (i=1;i<=100;i++)          /*循环变量的范围*/
      if (i%2!=0)
        s=s+1.0/i;                /*当 i 为奇数时，相加*/
      else
        s=s-1.0/i;                /*当 i 为偶数时，相减*/
    printf("Sum=%f\n",s);
}
```

运行结果：

```
Sum=0.688172
```

【思考】 为什么在分式累加时，需要用 1.0 去除，如果用 1 去除，会产生什么样的结果？

【例 5.15】 求 s = 1! + 2! + 3! + … + n!。

可以看出这是一个求和的问题，只不过每次累加的内容为阶乘的值。而从阶乘的规律又可以看出：

1！=1

2！=1！*2

3！=2！*3

…

当知道(i-1)! 的值后，再乘以 i 就可以求出 i! 的值，在同一个循环中，先阶乘，后累加。

源程序：

```
#include<stdio.h>
void main()
{
    int i , n ;
    float s=0,s1=1;                  /*s 用于计算累加的结果，s1 用于计算各阶乘的结果*/
    printf ( "请输入 n=") ;
    scanf ( "%d",&n);
    for (i=1;i<=n;i++)
    {   s1=s1*i;                     /*循环求阶乘*/
        s=s+s1;                      /*将各阶乘的结果累加*/
    }
    printf ( "Sum=%.0f\n",s) ;
}
```

运行结果：

```
请输入n=5
Sum=153
```

【例 5.16】 输出 100 以内(不含 100)能被 3 整除且个位数为 6 的所有整数。

这个问题是求某一区间内符合某种条件的数，变量的取值范围是 1～100，条件是能被 3 整除且个位数为 6，可以用枚举法求某区间的符合条件的数。

源程序：

```
#include<stdio.h>
void main()
{   int i;
        for(i=1;i<100;i++)
            if(i%10==6&&i%3==0)
                printf("% 4d",i); }
```

运行结果：

```
   6  36  66  96
```

【例 5.17】　输出 100～200 之间的全部素数。所谓素数 i 是指除 1 和 i 之外，不能被 2～(i-1)的任何整数整除的数。

源程序：

```
#include "stdio.h"
void main()
{
    int i, j, n=0;
    for(i=100 ; i<=200; i++)              /*外循环：为内循环提供一个整数 i*/
    {   for(j=2; j<=i-1; j++)             /*内循环：判断整数 i 是否是素数*/
            if(i%j==0)                    /*i 不是素数*/
                break;                    /*强行结束内循环*/
            if( j >= i )                  /*整数 i 是素数：输出，计数器 n 加 1*/
            {     printf("%4d",i);
                  n++;
            }
            if(n%10==0)printf("\n");
    }
}
```

运行结果：

```
101 103 107 109 113 127 131 137 139 149
151 157 163 167 173 179 181 191 193 197
```

本程序定义一个循环控制变量 i，其取值为 100～200，定义一个统计素数个数的变量 n，初值为 0，通过对 10 取余运算可控制每行输出 10 个。用每个循环变量除以 2～(i−1)的每一个数，若都除不尽，则该变量所存放的数为素数。

【例 5.18】　求 Fibonacci 数列的前 20 个数。该数列的生成方法为：$f_1=1$，$f_2=1$，$f_n=f_{n-1}+f_{n-2}(n\geqslant 3)$，即从第 3 个数开始，每个数等于前两个数之和。

源程序：

```
#include <stdio.h>
void main()
{ int i,f1,f2,f3;
  f1=1;f2=1;
  printf("% 10d% 10d",f1,f2);      /*输出前 2 个数*/
  for(i=3;i<=20;i++)
  {   f3=f1+f2;                     /*产生第 3 个数*/
      printf("% 10d",f3);           /*输出第 3 个数*/
      if(i%5==0)   printf("\n");    /*输出 5 个数，换行*/
          f1=f2;
          f2=f3;   }
}
```

运行结果：

```
       1          1          2          3          5
       8         13         21         34         55
      89        144        233        377        610
     987       1597       2584       4181       6765
```

本程序属于递推问题，即不断地用旧值推算出新值，在程序中表现为不断地用新值取代旧值的过程。为了更清晰地输出数列，每行输出 5 个数。

【例 5.19】 根据以下公式求 π 的近似值，当某项精度小于输入的值时停止迭代。

$$\frac{\pi}{2}=1+\frac{1}{3}+\frac{1\times2}{3\times5}+\frac{1\times2\times3}{3\times5\times7}+\frac{1\times2\times3\times4}{3\times5\times7\times9}+\frac{1\times2\times3\times4\times\cdots\times n}{3\times5\times7\times9\times\cdots\times(2n+1)}$$

(程序运行后，如果输入精度 0.0005，则程序输出为 3.14…)

源程序：

```
#include <stdio.h>
#include <math.h>
void main()
{
   double s=1,s1=1,eps;
   int n=1;
   scanf("%lf",&eps);
   while(fabs(s1)>=eps)              /*当某项大于精度要求时，继续求下一项*/
   { s1=s1*n/(2*n+1);                /*求多项式的每一项*/
      s=s+s1;
      n++;}
   printf("%f",2*s); }
```

运行结果：

```
0.0005
3.141106
```

本程序循环的条件是 fabs(s1)>= eps，其中 fabs 是用来求绝对值的函数，但使用前必须用#include "math.h"编译预处理命令。

本 章 小 结

通过本章的学习，读者应掌握以下内容：

(1) 循环结构。反复执行循环体中的各语句，设计循环结构的关键是给出正确的循环条件及循环体中各语句。

(2) 循环语句。C 语言提供了 3 种实现循环的语句：while 语句、do...while 语句、for 语句。这 3 种语句可用来处理同一个问题，但它们各有特点，要根据实际情况选择。对于循环次数明确的一般用 for 循环实现，而对于循环次数不确定的一般用 while 循环或

do...while 循环实现。

(3) 循环嵌套。一个循环的循环体中又包含了另一个循环，称这种为循环嵌套。通过嵌套可以实现复杂的程序设计。3 种循环可以自身嵌套，也可以相互嵌套。

(4) break 语句。在循环体中，break 一般和 if 语句连用，用于提前结束包含该语句的那层循环，并不是退出所有的循环。

(5) continue 语句。在循环体中，continue 一般和 if 语句连用，用于提前结束本次循环，即跳过本次循环体中余下的尚未执行的语句，接着再一次进行循环条件的判定。

在 while 语句和 do...while 语句中，continue 语句使流程直接跳到循环控制条件的测试部分，然后决定循环是否继续进行。在 for 循环中，遇到 continue 后，跳过循环体中余下的语句，而去对 for 语句中的“表达式 3”求值，然后进行“表达式 2”的条件测试，最后根据“表达式 2”的值决定 for 循环是否执行。

上 机 实 验

一、实验目的

(1) 掌握循环语句的结构。

(2) 掌握循环结构程序设计。

二、实验内容

1．验证性实验

(1) 求 n(不包括 1 和 n)以内所有因子的和，运行程序并记录运行结果。

```
#include <stdio.h>
void main()
{   int i,n;
    long s=0;
    scanf("%d",&n);
    for(i=2;i<=n-1;i++)              /*从 2～(n−1)中找 n 的所有因子*/
        if(n%i==0) s+=i;             /*将所有因子的和*/
    printf("s=%d",s); }
```

(2) 计算 $s=\frac{1}{1\times 2}+\frac{1}{2\times 3}+\cdots+\frac{1}{n\times(n+1)}$，运行程序并记录运行结果。

```
#include <stdio.h>
void main()
{ int i,n;     double s=0;
   scanf("%d",&n);
   for(i=1;i<=n;i++)
      s=s+1.0/(i*(i+1));
printf("%f\n",s);}
```

2．设计性实验

(1) 从键盘输入若干学生的成绩，输出最高和最低成绩，当输入负数时结束，请将程序补充完整。

```
#include <stdio.h>
void main()
{
    float x,amax,amin;              /*分别为学生成绩、最高成绩和最低成绩*/
    scanf("%f",&x);
    amax=x;
    amin=x;
    while(__________)               /*当输入负数时结束*/
    {   if (x>amax)    amax=x;      /*amax 为最高成绩*/
        if (__________)  amin=x;    /*amin 为最低成绩*/
        scanf("%f",&x);
    }
    printf ("\n amax=%f\n amin=%f\n",amax,amin);
}
```

(2) 下面程序的功能是求两个正数的最大公约数和最小公倍数，请将程序补充完整。

```
#include <stdio.h>
void main()
{   int m,n,t,r,a;
    scanf("%d%d",&m,&n);        /*两个正数为 m 和 n*/
    a=m*n;                      /*m 和 n 的积除以最大公约数，得出最小公倍数*/
    if(m<n) {__________}        /*若 m<n，则互换 m 和 n 的值，t 为中间变量*/
    r=m%n;                      /*r 为余数*/
    while(r)
        {  m=n;
           n=r;
           r=__________;  }
    printf("%d %d \n",n,a/n);   /*输出最大公约数、最小公倍数*/
}
```

(3) 计算 $s=\left(1+\frac{1}{2}\right)+\left(\frac{1}{3}+\frac{1}{4}\right)+\cdots+\left(\frac{1}{2n-1}+\frac{1}{2n}\right)$，请将程序补充完整。

```
#include <stdio.h>
void main()
{   int i,n;
    double s=0.0;
    scanf("%d",&n);
    for(i=1;i<=n;i++)
```

```
        s=s+_________;
    printf("%f",s);}
```

(4) 在屏幕上输出下三角九九乘法表，请将程序补充完整。

```
#include<stdio.h>
void main()
{       int i,j;
        for(i=1;i<=9;i++)               /*共输出 9 行*/
        {       for(j=1;j<=i;j++)       /*每行输出 i 列*/
                        printf("%d*%d=%d ", i,j,_________);
                printf("\n");           /*每行输出完后换行*/
        }
}
```

练　习　题

一、选择题

1．设有程序段：

```
int k=10;
while(k=0)k=k-1;
```

则下面描述中正确的是(　　)。

A) while 循环执行 10 次　　B) 循环是无限循环

C) 循环体语句一次也不执行　　D) 循环体语句执行一次

2．下述 for 语句的循环结果是(　　)。

```
int   i, x;
for( i=0, x=0; i<=9&&x!=876; i++ )
    scanf("%d", &x);
```

A) 最多循环 10 次　　B) 最多循环 9 次

C) 无限循环　　D) 一次也不循环

3．以下程序的输出结果是(　　)。

```
#include "stdio.h"
void main()
{    int a,i;
     a=0;
     for(i=1;i<5;i++)
     {    switch(i)
          {    case 0:
               case 3:a+=2;
               case 1:
```

```
            case 2:a+=3;
            default:a+=5;
        }
    }
    printf("a=%d",a);
}
```

A) 31　　B) 13　　C) 10　　D) 20

4．若有如下语句:

```
int x=3;
do{ printf("%d\n",x-=2);}
while(!(--x));
```

则上面程序段(　　)。

A) 输出的是 1　　B) 输出的是 1 和–2

C) 输出的是 3 和 0　　D) 是死循环

5．在下述程序中，判断 i>j 共执行的次数是(　　)。

```
#include "stdio.h"
void main()
{   int i=0, j=10, k=2, s=0;
    for (;;)
    {   i+=k;
        if(i>j)
        {   printf("%d",s);
            break;
        }
        s+=i;
    }
}
```

A) 4　　B) 7　　C) 5　　D) 6

6. 以下程序段的描述正确的是(　　)。

```
x=-1;
do
{ x=x*x; }
while(!x);
```

A) 是死循环　　B) 循环执行两次

C) 循环执行一次　　D) 有语法错误

7．以下程序段的输出结果是(　　)。

```
#include "stdio.h"
void main()
{
```

```
    int i;
    for(i=1;i<=5;i++)
    {   if(i%2) printf("*");
        else  continue;
        printf("#");
    }
    printf("!\n");
}
```

A) *#*#*#!　　B) #*#*#*!　　C) *#*#!　　D) #*#*!

8．以下程序段的输出结果是(　　)。

```
int n=10;
while(n>7)
{   n--;
    printf("%d\n",n);
}
```

A) 10
9
8

B) 9
8
7

C) 10
9
8
7

D) 9
8
7
6

9．以下程序段的输出结果是(　　)。

```
int i,j,m=0;
for(i=1;i<=15;i+=4)
    for(j=3;j<=19;j+=4) m++;
printf("%d\n",m);
```

A) 12　　B) 15　　C) 20　　D) 25

10．以下程序段的输出结果是(　　)。

```
#include "stdio.h"
void main()
{   int k,j,s;
    for(k=2;k<6;k++,k++)
    {  s=1;
       for(j=k;j<6;j++) s+=j;
    }
    printf("%d",s);
}
```

A) 9　　B) 1　　C) 11　　D) 10

11．以下程序的输出结果是(　　)。

```
#include "stdio.h"
void main( )
```

```
{
    int i;
    for (i='A'; i<'I'; i++, i++ )
        printf("%c", i+32);
    printf("\n");
}
```

A) 编译不通过　　B) aceg　　C) acegi　　D) abcdefghi

12．有以下程序，执行后输出的结果是(　　)。

```
#include "stdio.h"
void main( )
{
    int x=0, y=5, z=3;
    while(z-->0 && ++x<5) y=y-1;
    printf("%d,%d,%d\n",x, y, z);
}
```

A) 3,2,0　　B) 3,2,−1　　C) 4,3,−1　　D) 5,−2,−5

13．下述 for 循环语句实现的功能是(　　)。

```
int i,k;
for(i=0,k=-1;k=1;i++,k++)
printf("***");
```

A) 判断循环结束的条件非法　　B) 是无限循环

C) 只循环一次　　D) 一次也不循环

14．对于(1)(2)两个循环语句，(　　)是正确的描述。

(1) while(1);

(2) for(; ;);

A) (1)和(2)都是无限循环　　B) (1)是无限循环，(2)是错误的

C) (1)循环一次，(2)错误　　D) (1)(2)皆错误

15．若 i 为整数变量，则以下循环执行次数是(　　)。

```
for(i=2;i= =0; )
printf("%d",i--);
```

A) 无限次　　B) 0 次　　C) 1 次　　D) 2 次

16．下面程序的输出结果是(　　)。

```
#include "stdio.h"
void main( )
{ int x=10,y=10,i;
  for(i=0;x>8;y=++i)
  printf("%d   %d\n ",x--,y);
}
```

A) 10 1	B) 9 8	C) 10 9	D) 10 10
9 2	7 6	9 0	9 1

二、填空题

1．下列程序的运行结果为__________。

```
#include "stdio.h"
void main( )
{
    int k,j,m;
    for(k=5;k>1;k--)
    {   m=0;
        for(j=k;j<=5;j++)
            m=m+k*j;
    }
    printf("%d\n",m);
}
```

2．下列程序的运行结果为__________。

```
#include "stdio.h"
void main()
{
    int k=0,m=0;
    int x,y;
    for(x=0;x<2;x++)
    {    for(y=0;y<3;y++)
             k++;
         k-=y;
    }
    m=x+y;
    printf("k=%d,m=%d\n",k,m);
}
```

3．下面程序的功能是：输出 100 以内能被 3 整除且个位数是 6 的所有整数，请填空。

```
#include "stdio.h"
void main()
{
    int i,j;
    for(i=0;__________;i++)
    {   j=i*10+6;
        if(__________) continue;
        printf("%d ",j);
```

```
        }
}
```

4．如果从键盘输入 Y？N？↙(↙表示回车)，则下列程序运行结果是__________。

```
#include "stdio.h"
void main()
{
    char c;
    while((c=getchar())!='?')
    putchar(--c);
}
```

5．下列程序的运行结果为__________。

```
#include "stdio.h"
void main()
{
  int y=9;
   for ( ; y>0;y--)
      if (y%3==0)
      {   printf("%d ",--y);continue; }
}
```

6．下列程序的运行结果为__________。

```
#include "stdio.h"
void main()
{
  int i,j;
   for(i=0;i<=3;i++)
   {     for(j=0;j<=5;j++)
             if(i==0 || j==0 || i==3 || j==5) printf("*");
             else printf( " ");
         printf("\n");
  }
}
```

7．下列程序的运行结果为__________。

```
#include "stdio.h"
void main( )
{
     int   i, j, m=55;
     for ( i=1 ; i<=3; i++)
          for (j=3; j<=i; j++)    m=m%j;
     printf("%d\n", m);
```

```
}
```

8．下列程序的运行结果为___________。

```
#include "stdio.h"
void main( )
{   int a=1,b=2;
    while(a<6)
    {   b+=a;a+=2;b%=10; }
    printf("%d,%d\n", a, b);
}
```

9. 输出 1～1000 能被 5 或 13 整除的数，请将程序补充完整。

```
#include "stdio.h"
void main()
{
     int i;
     for(i=1;i<=1000;i++)
           if(____________)
                 printf("%4d",i);
}
```

10. 输入一个整数，判断是否是素数，若为素数则输出 1，否则输出 0，请将下列程序补充完整。

```
#include "stdio.h"
void main()
{
     int i, x, y=1;
     scanf("%d",&x);
     for(i=2; i<=x/2; i++)
        if____________{ y=0; break;}
     printf("%d\n", y);
}
```

三、编程题

1．编一个程序，求 1～100 所有偶数之和。

2．编一个程序，求 $s = 1! + 2! + 3! + \cdots + 10!$ 的值。

3．计算 $1 - 3 + 5 - 7 + 9 + \cdots - 99 + 101$ 的值。

4．编程求 1000 以内(包括 1000)能被 5 同时又能被 11 整除的数之和。

5．编程打印出所有的“水仙花数”。所谓“水仙花数”是指一个三位数，其中各位数字的立方和等于该数本身。例如，$153 = 1^3 + 5^3 + 3^3$。

6．有一分数序列：$\frac{2}{1}$，$\frac{3}{2}$，$\frac{5}{3}$，$\frac{8}{5}$，$\frac{13}{8}$，$\frac{21}{13}$，…，编程求出这个数列的前 20 项之和。

第 6 章　数　　组

本章要点

- 数组的定义、初始化、数组元素的引用；
- 字符数组的输入输出；
- 字符串处理函数；
- 数组的应用。

学习方法建议

学习本章内容时，应重点掌握数组的定义、初始化和数组元素的引用。其中二维数组是难点，对于二维数组应正确理解按行存放的方式，并在此基础上掌握数组的应用。

6.1　引　　例

1. 问题描述——统计成绩不及格的学生名单

每学期期末，教务处都要统计成绩不及格的学生名单，以便安排下学期开学参加补考。假设某班有 50 位学生选修了《C 语言程序设计课程》，要求统计该班参加《C 语言程序设计课程》补考的学生名单。

2. 引例分析

可采用以下步骤解决上述问题：

(1) 定义 50 个浮点型变量。

(2) 输入成绩保存在这 50 个变量中。

(3) 分别找出成绩低于 60 分的学生，并输出他们的学号。

3. 程序代码

源程序：

```
#include "stdio.h"
void main()
{
    float score1,score2,…,score50;          /*定义 50 个变量保存每位学生的成绩*/
```

```
        scanf("%f",&score1);                      /*从键盘输入成绩*/
        scanf("%f",&score2);
        ⋮
        scanf("%f",&score50);
        printf("pass-fail numbers:\n");
        if(score1< 60)                            /*输出成绩不及格学生的学号*/
              printf("1");
        if(score2<60)
             printf("2");
        ⋮
        if(score50<60)
             printf("50");
    }
```

以上程序有错，因为 C 语句不能用省略号代替，如果将程序补充完整，代码将非常冗长。试想若要处理 1000 名学生的成绩，必须定义 1000 个变量；另外，成绩输入语句和判断输出语句都会增加，上述程序显然不可行。(思考：使用循环语句能否简化程序?)

由此可见，当需要处理大量数据时，使用基本类型的变量就显得力不从心，数组正是为了解决这类问题而产生的一种构造数据类型，本章将详细介绍数组的使用方法。

6.2　一 维 数 组

6.2.1　一维数组的定义

可以定义一维数组保存引例中所有学生的成绩，语句如下：

```
float score [50];
```

这是一个数组名为 score 的一维数组，有 50 个 float 型的数组元素，分别记作 score[0]、score[1]、…、score[49](其中 0、1、2、…、49 称为数组元素的下标)，相当于 50 个 float 型的变量，分别用来保存 50 位学生的成绩，如图 6-1 所示。

						…	
score[0]	score[1]	score[2]	score[3]	score[4]	score[5]	…	score[49]

图 6-1　score 的一维数组定义

一维数组的大小和类型要通过数组定义来确定。数组同变量一样，也必须先定义、后使用。

一维数组定义形式如下：

　　数据类型　 数组名 1[常量表达式 1][, 数组名 2[常量表达式 2]…];

例如，int a[5],b[4];。该语句定义了两个整型数组 a 和 b，其中 a 数组中有 5 个元素，b 数组中有 4 个元素，这些元素都是整型数据。

说明如下：

(1) 数据类型：数组元素的数据类型。

(2) 数组名：与变量名一样，必须遵循标识符命名规则。

(3) 常量表达式：必须用方括号括起来，指的是数组的元素个数(又称数组长度)，它是一个整型值，其中可以包含常数和符号常量。例如，以下数组定义是正确的。

```
#define N   5
int a[N];
float b[N+5];
```

C 语言中不允许动态定义数组，即数组的大小不能依赖于程序运行过程中变量的值。例如，下面的定义是不合法的。

```
int n;
scanf("%d",&n);
int a[n];
```

特别说明：在数组定义时，“常量表达式”外的方括号，以及元素引用时“下标表达式”外的方括号，都是C语言语法规则所要求的，不是可选项的描述符号。

(4) 数组元素的下标：C 语言规定第一个元素的下标为 0，第二个元素的下标为 1，依次类推，那么数组中最后一个元素的下标为“常量表达式−1”，如上面定义的 a 数组的各元素依次表示为 a[0]、a[1]、a[2]、a[3]、a[4]。

(5) 数组名中存放的是一个地址常量，它代表整个数组的首地址。同一数组中的所有元素，按其下标的顺序占用一段连续的存储单元。

6.2.2 一维数组中元素的引用

一维数组的元素由数组名和下标来确定，引用形式如下：

数组名[下标表达式]

说明如下：

(1) “下标表达式”可以是任何非负整型常量或整型表达式，取值范围是 0～(元素个数−1)。例如，“int a[5]，x=3,y=1;”，则 a[0]、a[x]、a[x+y]都是 a 数组中元素的合法引用形式，0、x、x+y 是下标表达式，由于定义 a 数组大小为 5，所以下标表达式的值必须大于或等于 0，并且小于 5。

(2) 一个数组元素实质上就是一个变量，它具有和相同类型单个变量一样的属性，可以对它进行赋值和各种运算。

(3) 在运行 C 程序过程中，系统并不自动检测数组元素的下标是否越界。因此在编写程序时，要保证数组下标不越界。

(4) 程序中常用循环来控制下标的变化。

6.2.3 一维数组元素的初始化

一维数组初始化格式如下：

数据类型　数组名[常量表达式]={初值表}

说明如下：

(1) 在定义时对数组元素赋初值。例如，“int a[5]={1,2,3,4,5};”将数组元素的初值依次放在一对花括号内。经过上面的定义和初始化后，a[0]=1、a[1]=2、a[2]=3、a[3]=4、a[4]=5。

(2) “初值表”中的初值个数可以少于元素个数，即允许只给部分元素赋初值。例如，“int a[5]={1,2,3};”定义 a 数组中有 5 个元素，但大括号内只提供 3 个初值，这表示只给前面 3 个元素赋初值，后 2 个元素系统自动赋值为 0。

(3) 如果对数组的全部元素赋初值，定义时可以不指定数组长度(系统根据初值个数自动确定)。例如，“int a[5]={1,2,3,4,5};”可以写成“int a[ ]={1,2,3,4,5};”的形式，系统会自动定义 a 数组长度为 5。

如果被定义数组的长度与初值个数不同，则数组长度不能省略。例如。“int a[5]={1,2,3};”只初始化前 3 个元素，后 2 个元素为 0。

(4) 如果想使一个数组中的全部元素值为 0，可以写成“int a[5]={0,0,0,0,0};”或“int a[5]={0};”的形式。

6.2.4　一维数组的应用

【例 6.1】　使用一维数组编写引例。

源程序：

```
#include "stdio.h"
#define NUM 50
void main()
{
    float score[NUM];
    int i;
    printf("Enter %d students scores:\n",NUM);
    for(i=0;i< NUM;i++)              /*输入 50 位学生的成绩*/
        scanf("%f",&score[i]);
    printf("failed numbers:");
    for(i=0;i< NUM;i++)              /*输出成绩不及格学生的学号*/
        if(score[i]< 60)
            printf("%d ", i+1);
}
```

【例 6.2】　建立一个数组，数组元素 a[0]～a[9]的值为 0～9，然后按逆序输出。

源程序：

```
#include "stdio.h"
void main()
{
    int i,a[10];
    for(i=0;i<=9;i++)
        a[i]=i;                      /*给数组元素赋值*/
```

```
    for(i=9;i>=0;i--)
      printf("%d", a[i]);                /*逆序输出数组元素的值*/
}
```

运行结果：

```
9 8 7 6 5 4 3 2 1 0
```

【例 6.3】 输入 10 个整数，找出其中的最大数和最小数，并指明它们所在的位置。

源程序：

```
#include "stdio.h"
void main()
{
    int a[10],i,max,min,ix=0,in=0;          /*ix 和 in 分别为最大数和最小数的序号*/
    printf("input array a:");
    for(i=0;i<10;i++)
        scanf("%d",&a[i]);
    max=min=a[0];
    for(i=1;i<10;i++)
    {   if(a[i]>max){max=a[i] ;ix=i;}        /*保留最大数序号*/
        if(a[i]<min){min=a[i] ;in=i; }}      /*保留最小数序号*/
    printf("max=%d\tix=%d\nmin=%d\tin=%d\n ",max,ix+1,min,in+1);
}
```

运行结果：

```
input array a:12 433 4 22 3 23 45 78 0 8
max=433 ix=2
min=0   in=9
```

本程序定义变量 max 和 min，分别代表最大数和最小数，ix 和 in 分别为最大数和最小数的序号。首先将最大数和最小数的初值设为 a[0]，依次和 a[1]、a[2]、…、a[9]进行比较，如果比 max 大，则放入 max 中，同时保留最大数的序号；如果比 min 小，则放入 min 中，同时保留最小数的序号。

【例 6.4】 求出 1～100 能被 7 或 11 整除、但不能同时被 7 和 11 整除的所有整数并将它们放在 a 数组中，输出所有符合条件的数组元素，并输出这些数的个数。

源程序：

```
#include <stdio.h>
void main()
{ int a[100],i,j=0;
   for(i=1;i<=100;i++)
       if(i%7==0&&i%11||i%7&&i%11==0) a[j++]=i;
   printf("个数=%d\n",j);           /*j 为符合条件的整数的个数，将其输出*/
   for(i=0;i<j;i++)
       printf("%5d",a[i]);
```

```
}
```

运行结果：

```
个数=21
    7    11    14    21    22    28    33    35    42    44    49    55    56    63    66    70
   84    88    91    98    99
```

本程序定义一个含 100 个元素的整型数组 a[100]，将满足条件的数一次存放在数组中，j 为符合条件的整数的个数，初值为 0。

【例 6.5】 求 Fibonacci 数列的前 20 个数。该数列第 1 项、第 2 项均为 1，从第 3 项开始，每个数等于前两个数之和。

源程序：

```
#include "stdio.h"
void main( )
{
    int n,f[20]={1,1};                  /*定义 20 个元素的数组，初始化 f[0]=f[1]=1*/
    for(n=2;n<20;n++)
        f[n]=f[n-2]+f[n-1];
    for(n=0;n<20;n++)
    {   if(n%5==0) printf("\n");        /*每行输出 5 个数据*/
        printf("%10d",f[n]);
    }
}
```

运行结果：

```
         1         1         2         3         5
         8        13        21        34        55
        89       144       233       377       610
       987      1597      2584      4181      6765
```

本程序定义一个含有 20 个元素的数组，前两个元素的初值赋为 1，定义一个循环控制变量 n；循环的初值和终值分别为 2 和 19，以 2～19 的每一个数为下标，求出其对应的元素的值，即每一个元素为其前面两个元素的和；通过循环，用对 5 取余的方法控制每行输出 5 个数。

【例 6.6】 从键盘上任意输入 10 个整数，要求按从小到大的顺序在屏幕上显示出来。

排序的方法有很多，本题采用冒泡法。

冒泡法的基本思想：通过相邻两个数之间的比较和交换，使排序码(数值)较小的数逐渐从底部移向顶部，排序码较大的数逐渐从顶部移向底部，就像水底的气泡一样逐渐向上冒，故而得名。

对 a[n−1]～a[0]组成的 n 个数据进行冒泡排序的过程可以描述如下：

(1) 将相邻的 a[n−1]与 a[n−2]进行比较，如果 a[n−1]的值小于 a[n−2]的值，则交换两个元素的值，使较小的上浮，较大的下沉；接着比较 a[n−2]与 a[n−3]，同样使小的上浮，大的下沉。依此类推，直到比较完 a[1]和 a[0]后，a[0]为具有最小排序码(数值)的元素，称第一趟排序结束。

(2) 在 a[n−1]～a[1]区间内，进行第二趟排序，使剩余元素中排序码最小的元素上浮到 a[1]。

(3) 重复进行 n−1 趟后，整个排序过程结束。

源程序：

```
#include "stdio.h"
void main()
{
    int a[10];
    int i,j,temp;                         /*定义循环变量和临时变量*/
    printf("Please input 10 numbers:\n");
    for(i=0;i<10;i++)
        scanf("%d", &a[i]);               /*为数组输入元素*/
    for(i=0;i<9;i++)                      /*冒泡法排序。外循环：控制比较趟数*/
        for(j=9;j>i; j--)                 /*内循环：进行每趟比较*/
            if(a[j]<a[j-1])               /*如果 a[j]小于 a[j-1]，则交换两数*/
            {   temp=a[j];
                a[j]=a[j-1];
                a[j-1]=temp;
            }
    printf("\nthe  result of sort:\n");   /*输出排序后的数据*/
    for(i=0;i<10;i++)
        printf("%d ",a[i]);
}
```

运行结果：

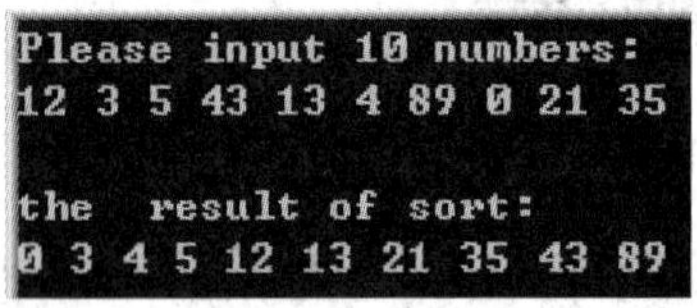

```
Please input 10 numbers:
12 3 5 43 13 4 89 0 21 35

the  result of sort:
0 3 4 5 12 13 21 35 43 89
```

6.3　二 维 数 组

二维数组可以看成是由多个一维数组组成的数组，即数组的每一行或每一列都可以看作是一个一维数组，如图 6-2 所示。

$$a[m][n]=\begin{bmatrix} a[0][0] & a[0][1] & a[0][2] & \cdots & a[0][n-1] \\ a[1][0] & a[1][1] & a[1][2] & \cdots & a[1][n-1] \\ a[2][0] & a[2][1] & a[2][2] & \cdots & a[2][n-1] \\ \vdots & \vdots & \vdots & & \vdots \\ a[m-1][0] & \cdots & a[m-1][2] & \cdots & a[m-1][n-1] \end{bmatrix}$$

图 6-2　二维数组的一般形式

6.3.1　二维数组的定义

二维数组定义的一般格式如下：

　　数据类型 数组名[常量表达式 1][常量表达式 2];

例如，int b[3][4];。该定义语句解释如下：

(1) 定义了一个名为 b 的二维数组，数组中每个元素的类型均为整型。

(2) 数组 b 中共包含了 3 × 4 个数组元素，其行列下标均从 0 开始，数组元素为：

	第 0 列	第 1 列	第 2 列	第 3 列
第 0 行	b[0][0]	b[0][1]	b[0][2]	b[0][3]
第 1 行	b[1][0]	b[1][1]	b[1][2]	b[1][3]
第 2 行	b[2][0]	b[2][1]	b[2][2]	b[2][3]

(3) 数组 b 的逻辑结构好似一个 3 行 4 列的表格，但是在物理结构上，与一维数组一样，在内存中占据连续的一片存储单元，各数组元素按行依次存放，每行的 4 个元素再按列号次序排列，如图 6-3 所示。

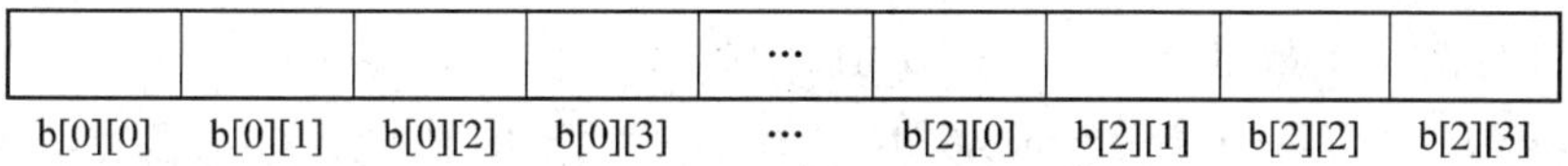

图 6-3　二维数组 b 的存储示意图

(4) 在 C 语言中，可以把一个二维数组看成是一个一维数组，每个数组元素又是包含有若干个元素的一维数组。例如，以上数组 b 可以看成是由 b[0]、b[1]、b[2] 3 个元素组成的一维数组，其中每个元素又是由 4 个整型元素组成的一维数组。

在定义二维数组时需要注意，两个常量表达式的值只能是整数，分别表示行数和列数，书写时要分别括起来。例如，以下定义是不正确的：

```
int b[3,4];
```

6.3.2　二维数组元素的引用

二维数组中各个元素可看作具有相同数据类型的一组变量。因此，对变量的一切操作同样适用于二维数组元素。

二维数组元素引用的格式如下：

　　数组名[行下标表达式][列下标表达式]

例如，a[2][3]表示引用 a 数组中第 2 行第 3 列的元素。

说明如下：

(1) “行下标表达式”和“列下标表达式”都应是整型表达式或符号常量，其取值范围是 0～(元素个数−1)。如有定义“int a[4][5],x=3,y=1;”，则 a[0][3]、a[x][y]、a[x−1][y+1]都是正确的引用，而 a[0,3]、a[x,y]、a[x−2,y+1]是不正确的引用。

(2) “行下标表达式”和“列下标表达式”的值都应在已定义数组大小的范围内。二维数组 a[4][5]的行下标范围为 0～3，列下标范围为 0～4，所以 a[4][5]是不正确的引用，因为其行列下标已越界。

(3) 对基本数据类型的变量所能进行的操作也都适用于相同数据类型的二维数组元素。例如：

```
a[2][2]=3;        /*赋值运算*/
x=a[2][2]+y       /*出现在表达式中参与算术运算*/
```

(4) 二维数组同一维数组一样，不能整体引用，必须引用数组中的元素。

(5) 通常引用二维数组需要用到两层循环嵌套，外层循环控制行号，内层循环控制列号。

6.3.3　二维数组的初始化

二维数组的初始化是指在定义二维数组的同时对其赋初值，可以用下面方法实现：

(1) 分行给二维数组所有元素赋初值。例如：

```
int a[3][4]={{1,2,3,4},{5,6,7,8},{9,10,11,12}};
```

其中，{1,2,3,4}依次赋给 a 数组第 0 行的 4 个元素，{5,6,7,8}依次赋给 a 数组第 1 行的 4 个元素，{9,10,11,12}依次赋给 a 数组第 2 行的 4 个元素。

(2) 不分行给二维数组所有元素赋初值。例如：

```
int a[3][4]={1,2,3,4,5,6,7,8,9,10,11,12};
```

C 语言规定，用这种方法给二维数组赋初值时，是先行后列的顺序进行的，即依次按 a[0][0]、a[0][1]、a[0][2]、a[0][3]、a[1][0]、a[1][1]、a[1][2]、a[1][3]、a[2][0]、a[2][1]、a[2][2]、a[2][3]的顺序赋值。

(3) 可以对部分元素赋初值。例如：

```
int a[3][4]={{1},{2},{3}};   /*只对各行第 0 列的元素赋初值，其他元素自动赋 0 值*/
int a[3][4]={{1},{5,6}};     /*只对前两行前面的部分元素赋初值，其他元素自动赋 0 值*/
int a[3][4]={{1},{ },{9}};   /*对第 1 行不赋初值*/
```

(4) 如果对全部元素都赋初值，则定义数组时对第一维的长度可以不指定，但第二维的长度不能省。例如：

```
int a[3][4]={1,2,3,4,5,6,7,8,9,10,11,12};
```

与下面的定义等价。

```
int a[][4]={ 1,2,3,4,5,6,7,8,9,10,11,12};
```

系统会根据数据总个数分配存储空间，一共 12 个数据，每行 4 列，当然可确定为 3 行。在定义时也可以只对部分元素赋初值而省略第一维的长度，但应分行赋初值。例如：

```
int a[][4]={{0,0,3},{ },{0,5}};
```

这样的写法，能通知编译系统：数组共有 3 行。

6.3.4　二维数组的应用

【例 6.7】　已知一个 3×4 矩阵，要求编写程序求出矩阵中所有元素中的最大值，并找出其所在的位置。

源程序：

```
#include "stdio.h"
void main( )
{
    int i,j,r,c,max ;                                  /*r 为行下标、c 为列下标*/
    int  a[3][4]={1,-5,3,4,5,6,7,8,9,10,11,12} ;
    max=a[0][0],r=0,c=0 ;
      for(i=0;i<3;i++)
         for(j=0;j<4;j++)
           if(a[i][j]>max)
           {  max=a[i][j] ;r=i ; c=j  ;}               /*保留最大值的同时，保留行、列下标*/
              printf("%d, %d, %d\n ",max,r+1,c+1);    /*输出最大值和位置*/
}
```

运行结果：

```
12, 3, 4
```

【例 6.8】　按要求打印杨辉三角形。该三角形的数字按一定规律构成，其构成规律是：除了数字 1 以外的任何数字都是由它上一行的本列和上一行的前列元素相加而成的。

```
     1
     1     1
     1     2     1
     1     3     3     1
     1     4     6     4     1
     1     5    10    10     5     1
     1     6    15    20    15     6     1
     1     7    21    35    35    21     7     1
     1     8    28    56    70    56    28     8     1
     1     9    36    84   126   126    84    36     9     1
```

源程序：

```
#define N 10
#include "stdio.h"
void main()
{
    int a[N][N],i,j;       /*定义一个用于存放数据的二维数组*/
    /*将数字 1 写入数组的第 0 列、行列相等的元素中*/
for(i=0;i<N;i++)
        a[i][0]=a[i][i]=1;
for(i=2;i<N;i++)
       for(j=1;j<i;j++)
          a[i][j]=a[i-1][j-1]+a[i-1][j];
    for(i=0;i<N;i++)
    {   for(j=0;j<=i;j++)
           printf("%6d",a[i][j]);
```

```
            printf("\n");
        }
    }
```

思考：若只输出 6 行，则程序应如何修改？

【例 6.9】　实现矩阵(3 行 3 列)的转置(即行列互换)。

例如，原矩阵：

```
100  200  300
400  500  600
700  800  900
```

程序输出：

```
100  400  700
200  500  800
300  600  900
```

源程序：

```
#include <stdio.h>
void main()
{ int a[3][3]={100,200,300,400,500,600,700,800,900},i,j,t;
   for(i=0;i<3;i++)
      for(j=i;j<3;j++)
      {t=a[i][j];a[i][j]=a[j][i];a[j][i]=t;}
   for(i=0;i<3;i++)
   { for(j=0;j<3;j++)
         printf("%4d",a[i][j]);
      printf("\n");
   }
}
```

运行结果：

```
100 400 700
200 500 800
300 600 900
```

【例 6.10】　3 行 4 列二维数组按行求均值。

源程序：

```
#include <stdio.h>
void main()
{ int a[3][4]={1,3,5,7,9,2,4,6,8,10,18,11},i,j;
   float s;
   for(i=0;i<3;i++)
        {s=0;
          for(j=0;j<4;j++)
```

```
            s+=a[i][j];
        printf("%f\n",s/4.0);}
    }
```

运行结果：

```
4.000000
5.250000
11.750000
```

6.4　字符数组与字符串

用来存放字符的数组称为字符数组，字符数组中的每一个元素都是一个字符。

6.4.1　字符数组的定义和初始化

1．字符数组的定义

一维字符数组定义的一般格式如下：

char　数组名[常量表达式]；

二维字符数组定义的一般格式如下：

char　数组名[常量表达式 1][常量表达式 2]；

由此可见，字符数组的定义方法与前面所介绍的相类似，只不过将数据类型指定为 char。例如：

```
char a[10],b[20],c[5][5];
```

其中，a、b 为一维字符数组，c 为二维字符数组。一维字符数组用于存储和处理一个字符串；二维字符数组用于同时存储和处理多个字符串。

2．字符数组的初始化

字符数组的初始化可采用以下两种方式实现：

(1) 可以在定义数组的同时对数组中的各个元素赋初值。例如：

```
char   c[5]={'h','e','l','l','o'} ;
```

(2) 可以在定义数组的同时将字符串赋给一个一维字符型数组。例如：

```
char   c[6]={"hello"} ;
```

注意：

- 对数组中所有元素赋值时，字符数组的长度可以缺省。

6.4.2　字符数组的输入输出

字符数组的输入/输出有以下两种方法：

(1) 逐个字符输入/输出。用格式符“%c”输入或输出一个字符。

(2) 将整个字符串一次输入或输出。用“%s”格式符输出字符串。例如：

```
char c[ ]={"China"};
```

```
printf("%s",c);
```

输出结果如下：

```
China
```

在内存中数组 c 的状态如图 6-4 所示。输出时，遇结束符'\0'就停止输出。

C	h	i	n	a	\0

图 6-4　数组 c 的值

注意：

- 输出字符不包括结束符'\0'。
- 用“%s”格式符输出字符串时，printf()函数中的输出项是字符数组名，而不是数组元素名。写成下面这样是不对的：

```
printf("%s",c[0]);
```

- 如果数组长度大于字符串实际长度，则只输出到遇 '\0' 结束。例如：

```
char c[10]={"China"};
printf("%s",c);
```

- 只输出“China”5 个字符，而不是输出 10 个字符，这就是用字符串结束标志的好处。
- 如果一个字符数组中包含一个以上'\0'，则遇第一个'\0'时输出就结束。

可以用 scanf 函数输入一个字符串。例如：

```
scanf("%s",c);
```

scanf()函数中的输入项 c 是字符数组名，它应该在先前已被定义。从键盘输入的字符串应短于已定义的字符数组的长度。例如，已定义“char c[6];”从键盘输入 happy↙，系统自动在后面加一个 '\0' 结束符。如果利用一个 scanf( )函数输入多个字符串，则以空格分隔。例如：

```
char str1[6],str2[6],str3[6],str4[6];
scanf("%s%s%s%s",str1,str2,str3,str4);
```

输入数据：What are you doing↙

输入完成后，str1、str2、str3、str4 数组状态如图 6-5 所示。数组中未被赋值的元素的值自动置 '\0'。

str1:	W	h	a	t	\0	\0
str2:	a	r	e	\0	\0	\0
str3:	y	o	u	\0	\0	\0
str4:	d	o	i	n	g	\0

图 6-5　数组状态

若改为：

```
char str[13];
scanf("%s",str);
```

如果输入以下字符：

    What are you doing↙

实际上并不是把上面输入的全部字符加上 '\0' 送到数组 str 中，而只将空格前的字符串“What”送到 str 中，空格作为间隔符处理，由于只有一个格式描述符“%s”，故只能输出一个串即“What”，因此在其后加 '\0'。str 数组状态如图 6-6 所示。

W	h	a	t	\0	\0	\0	\0	\0	\0	\0	\0	\0

图 6-6　str 数组状态

scanf( )函数中的输入项是字符数组名。当输入项为字符数组名时，不需要再加地址符“&”，因为在 C 语言中数组名代表该数组的起始地址。若写成

```
char str[5];
scanf("%s",&str);
```

是不对的。

【例 6.11】　输出字符串“welcome”和字符“o”。

源程序：

```
#include "stdio.h"
void main( )
{
    int   i;
    char   str[ ]={ 'w','e','l','c','o','m','e' };
    for(i=0;i<7;i++)
        printf("%c",str[i]);
    printf("\n%c",str[4]);
}
```

运行结果：

```
welcome
o
```

6.4.3　字符串处理函数

1. 字符串输入、输出函数

1) 输入一个字符串函数 gets( )

gets( )函数的一般调用格式如下：

```
gets(str) ;
```

该函数的功能是从终端键盘输入字符串(字符串可以包括空格)，直到遇到回车符为止，回车符读入后不作为字符串的内容，系统将自动用 '\0' 代替，作为字符串的结束标志。

【例 6.12】　输入一段英文，统计其中单词的个数。

源程序：

```
#include"stdio.h"
void main()
{
    char s[100];
    int i,n=0;
    printf("Please input the sentence:");
    gets(s);
    for(i=0;;i++)
    {   if(s[i]==' ')n++;
        if(s[i]=='\0')
        {   n++;break;}}
    printf("This sentence has %d word!",n);
}
```

运行结果：

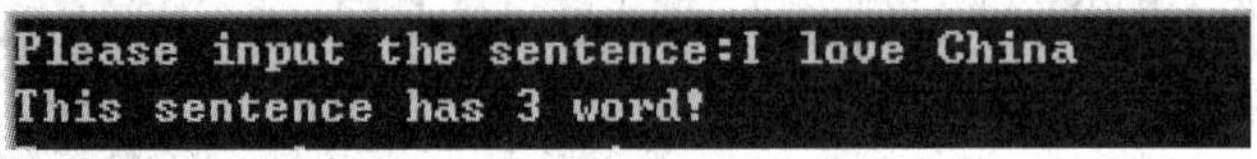

2) 输出一个字符串函数 puts( )

puts( )函数的一般调用格式如下：

puts(str) ;

该函数的功能是从 str 指定的地址开始，依次输出存储单元中的字符，直到遇到字符串结束标志的第 1 个 '\0' 字符为止。

【例 6.13】　由终端键盘输入一字符串，要求从该串中删去指定的字符。

源程序：

```
#include "stdio.h"
void main( )
{
    char   str1[50],str2[50] ;
    char   ch ;
    int   i=0,k=0 ;
    printf("Please input  a   string:") ;
    gets(str1) ;
    printf("delete :") ;
    scanf("%c",&ch) ;                    /*输入要删除的字符*/
    for(i=0;str1[i]!='\0';i++)
      if(str1[i]!=ch)
        str2[k++]=str1[i] ;              /*将不删除的字符存入 str2 数组*/
    str2[k]='\0' ;
    puts (str2) ;
```

```
}
```

运行结果：

```
Please input  a  string:I am a boy.
delete :a
I m  boy.
```

思考：假设要删除的字符不在输入的字符串中，要求输出“not find”，则程序如何修改？

2．字符串处理函数

1) 字符串复制函数 strcpy( )

strcpy( )函数的一般调用格式如下：

```
strcpy(str1,str2);
```

该函数的功能是把 str2 所指向的字符串复制到 str1 所指的字符数组中。

注意：

- 要求 str1 的空间不小于 str2，否则会因为空间不够大而造成复制后数据出错。

【例 6.14】　从终端键盘输入一字符串，并将其复制到另一字符数组后显示出来。

方法一：采用循环完成。

源程序：

```
#include   "stdio.h"
void main( )
{
    char   str1[30],str2[30] ;
    int   i=0 ;
    printf("Please input a string:") ;
    scanf("%s",str1) ;
    while(str1[i]!='\0')
    {     str2[i]=str1[i] ;
          i++ ;
     }
    str2[i]='\0' ;
    printf("str1: %s \nstr2:%s\n", str1,str2) ;
}
```

运行结果：

```
Please input a string:hello
str1: hello
str2:hello
```

方法二：采用 strcpy( )函数完成。

源程序：

```
#include   "string.h"
#include   "stdio.h"
```

```
void main()
{
      char   str1[30],str2[30];
      printf("Please input a string:") ;
      scanf("%s",str1) ;
      strcpy(str2,str1);
      printf("str1: %s \nstr2:%s\n", str1,str2) ;
}
```

运行结果：

```
Please input a string:hello
str1: hello
str2:hello
```

2) 字符串连接函数 strcat( )

strcat( )函数的一般调用格式如下：

strcat(str1 , str2);

该函数的功能是将 str2 所指的字符串连接到 str1 所指的字符串的后面，并自动覆盖 str1 所指的字符串的尾部字符 '\0'。

【例 6.15】 用 strcat()函数将字符串 China、 Beijing 和 OK!连接起来。

源程序：

```
#include   "stdio.h"
#include   "string.h"
main()
{
      char s1[30]="China ",s2[20]="beijing ",s3[10]="OK!";
      strcat(s1,s2);        /*此时 s1 中的内容为 China Beijing*/
      strcat(s1,s3);        /*此时 s1 中的内容为 China Beijing OK！ */
      puts(s1);
}
```

运行结果：

```
China beijing OK!
```

3) 字符串比较函数 strcmp( )

strcmp( )函数的一般调用格式如下：

strcmp(str1,str2) ;

该函数的功能是比较 str1 和 str2 所指向的两个字符串。

字符串比较的规则是将两个字符串自左向右逐个字符相比(按 ASCII 码值大小比较)，直到出现不同的字符或遇到 '\0' 为止。如全部字符相同，则认为相等；如出现不相同的字符，则以第一个不相同的字符的比较结果为准。比较的结果由函数值带回。

str1 与 str2 相等时，函数值为 0；

str1>str2 时，函数值大于 0；

str1<str2 时，函数值小于 0。

【例 6.16】　由键盘输入任意字符串按回车键后在屏幕上显示出来，直到输入字符串“quit”并按回车后结束程序。

源程序：

```
#include   "string.h"
#include   "stdio.h"
void main()
{
    char st[100];
    for(;;)
    {   gets(st);            /*输入字符串*/
        if(!strcmp(st,"quit"))break;
        puts(st);            /*输出字符串*/
    }
}
```

运行结果：

```
This
This
is
is
quit
```

4) 求字符串长度函数 strlen()(len 是 length 的缩写)

strlen( )函数的一般调用格式如下：

　　strlen(字符串);

该函数的功能是求字符串(常量或字符数组)实际长度(不包含结束标志)。

【例 6.17】　用 strlen()测试字符串的长度。

源程序：

```
#include   "string.h"
#include   "stdio.h"
void main()
{
    char s1[]="computer";
    printf("s1=%s\tlen1=%d",s1,strlen(s1));
}
```

运行结果：

```
s1=computer     len1=8
```

6.4.4　字符数组应用举例

【例 6.18】　从键盘输入两个字符串，并对这两个串进行连接。(例如，输入 FirstString <按回车> 输入 SecondString <按回车>，输出 FirstStringSecondstring)

源程序：

```
#include <stdio.h>
void main()
{   char p1[80],p2[80];
    int i,j;
    gets(p1);gets(p2);          /*输入第 1、2 个源字符串*/
    for(i=0; p1[i]; i++);
    for(j=0; p2[j]; j++,i++)
          p1[i]=p2[j];
    p1[i]='\0';
    puts(p1);                   /*输出连接之后字符串*/
    }
```

运行结果：

```
Firststring
Seconstring
FirststringSeconstring
```

【例 6.19】　将一个以 '+' 或 '–' 开头的数字字符串转换为一个整数。

源程序：

```
#include <stdio.h>
void main()
{   char a[81];
    int flag=1,i;   long n=0;
    gets(a);                        /*输入一个串*/
    if(a[0]== '-') flag=-1;         /*负数时置 flag 为–1*/
    else if(a[0]== '+') flag=1;     /*正数时置 flag 为 1*/
    for(i=1;a[i]!='\0';i++)
          n=n*10+a[i]- '0';         /*将字符串转成相应的整数*/
    printf("%ld\n",n*flag);
  }
```

运行结果：

```
-123
-123
```

本 章 小 结

通过本章的学习，读者应掌握以下内容：

(1) 数组。数组是具有同一类型的且同一名字的不同下标的变量的集合。含有一个下标的数组称一维数组，含有两个下标的数组称二维数组。

(2) 数组名。数组的命名要符合标识符的命名规则，数组名是一个地址常量，即数组所占的连续存储单元的首地址，数组名不能被赋值。

(3) 数组的定义。

一维数组的定义形式：数据类型 数组名[常量表达式]；

二维数组的定义形式：数据类型 数组名[常量表达式 1][常量表达式 2]；

(4) 数组元素的引用。

一维数组的引用形式：数组名[下标表达式]

二维数组的引用形式：数组名[行下标表达式][列下标表达式]

这里下标的值是有范围的。C 语言规定，下标的最小值为 0，最大值为定义时给出的常量−1，下标不能越界使用。

(5) 字符串。字符串在内存中用字符数组来存储，一维字符型数组可以存放和处理一个字符串，字符串用 '\0' 作结束标志。二维数组可用于存储和处理多个字符串。

(6) 字符串处理函数。C 语言提供多个字符串处理函数，主要包括字符串输入函数 gets( )、字符串输出函数 puts( )、字符串复制函数 strcpy( )、字符串连接函数 strcat( )、字符串比较函数 strcmp( )、求串长函数 strlen( )等。

上 机 实 验

一、实验目的

(1) 掌握一维数组和二维数组的定义、赋值和输入输出方法。

(2) 掌握字符数组和字符串函数的使用。

(3) 掌握与数组有关的常用算法。

二、实验内容

1．验证性实验

(1) 分析并运行下面程序，将一组得分存放在一维数组中，去掉一个最高分，去掉一个最低分，然后求平均值。(例如，输入 9.9　8.5　7.6　8.5　9.3　9.5　8.9　7.8　8.6　8.4，输出 8.687500)

```
#include <stdio.h>
#define N 10
void main()
{   float a[N ];
    int i,j;
    double s=0.0,t ;
    for(i=0;i<N ;i++)
        scanf("%f",&a[i]);
    for(i=0; i<N -1; i++)
```

```
        for(j=i+1; j<N ; j++)
          if(a[i]>a[j]){   t=a[i]; a[i]=a[j]; a[j]=t; }
    for(i=1;i<N-1; i++)    s+=a[i];
    printf("%f\n",s/(N -2));    }
```

(2) 分析并运行下面程序，程序功能是将一个一维数组中的值按逆序重新存放。

```
#define N 5
#include <stdio.h>
void main()
{   int a[N]={1,3,9,5,8},i,t;
    for(i=0;i<N/2;i++)
        {t=a[i];a[i]=a[N-1-i];a[N-1-i]=t;}
    for(i=0;i<N;i++)
        printf("% 4d",a[i]);}
```

(3) 分析并运行下面程序，程序功能是在一个已排好序的数组中输入一个数后，按原来排序的规律将这个插入到数组中。

```
#include <stdio.h>
void main()
{ int a[11]={1,3,5,7,9,11,13,16,19,22},i, x;
    scanf("%d",&x);
    for(i=9;a[i]>x&&i>=0;i--)
                a[i+1]=a[i];
    a[i+1]=x;
    for(i=0;i<11;i++)
      printf("%4d",a[i]);}
```

(4) 分析并运行下面程序，已知“int s[3][4]={33,33,33,33,44,44,44,44,55,55,55,55};”，将二维数组中的数据按行的顺序依次放到一维数组中。

```
#include <stdio.h>
void main()
{   int s[3][4]= {33,33,33,33,44,44,44,44,55,55,55,55},i,j,k=0,a[12];
    for(i=0;i<3;i++)
      for(j=0;j<4;j++)
        a[k++]=s[i][j];
    for(i=0;i<12;i++)
        printf("%4d",a[i]);
  }
```

2．设计性实验

(1) 有一个 3 × 4 的矩阵，求其中的最大元素，请将程序补充完整。

```
#include"stdio.h"
void main()
```

```
{
    int i,j,max,a[3][4];
    printf("Please input a array:\n");
    for(i=0;i<3;i++)
        for(j=0;j<4;j++)
            scanf("%d",_________);
    max=a[0][0];
    for(i=0;i<3;i++)
        for(j=0;j<4;j++)
        {    if(a[i][j]> _________)
                max=a[i][j];
        }
    printf("\nmax= %d ",max);
}
```

(2) 输入一个 n×n 矩阵的各元素的值，分别求出两条对角线元素值之和，请将程序补充完整。

```
#include <stdio.h>
#define N 5
void main()
{
    int i,j,s1=0,s2=0,a[N][N];
    for(i=0;i<N;i++)
       for(j=0;j<N;j++)
           scanf("%d",&a[i][j]);
    for(i=0;_________;i++)
    {    for(j=0;j<N;j++)
         {     if(i==j)s1+=a[i][j];
               if(i+j==_________)s2+=a[i][j];
               printf("%d   ",a[i][j]);
         }
         printf("\n");
    }
    printf("\n%d %d",s1,s2);
}
```

(3) 使二维数组左下三角元素中的值乘以 n，请将程序补充完整。

```
#include <stdio.h>
void main ( )
{    int   a[3][3], i,j,n;
     for (i=0;i<3;i++)
```

```
        for (j=0;j<3;j++ )
            scanf("%d",&a[i][j]);
    printf("input n=");
    scanf("%d",&n);
    for(i=0;i<3 ;i++)
        for(j=0;j<= _________;j++)
            _________ ;
    for (i=0;i<3;i++ )
    {   for (j=0;j<3;j++ )
              printf( "%4d", a[i][j] );
        printf("\n");
    }
}
```

(4) 将 s 数组中下标为偶数、同时 ASCII 值也为偶数的字符保留，其余的全都删除；串中剩余字符所形成的一个新字符串放在 t 数组中。例如，若 s 字符串中的内容为“ABCDEFG123456”，其中字符 A 的 ASCII 码值为奇数，因此应当删除；其中字符 B 的 ASCII 码值为偶数，但在数组中的下标为奇数，因此也应当删除；而字符 2 的 ASCII 码值为偶数，所在数组中的下标也为偶数，因此不应当删除，其他依此类推。最后 t 数组中的内容应是“246”。

```
#include <stdio.h>
#include <string.h>
void main()
{ char s[81],t[81];
  int i,j=0;
  gets(s);
  for(i=0;s[i];i++)
       if(i%2==0&&s[i]%2==0)
          t[j++]=s[i];
       t[j]=_________;
puts(t);   }
```

(5) 假定输入的字符串中只包含字母和*号，编程实现删除字符串中所有*号的功能。例如，字符串中的内容为“****A*BC*DEF*G*******”，删除后，字符串中的内容应当是“ABCDEFG”。

```
#include <stdio.h>
void main()
{ char a[80]= "****A*BC*DEF*G*******";
  int i, j=0;
  for(i=0;a[i];i++)
      if(a[i]!= '*')
```

```
        a[________]=a[i];
    a[j]=0;
  puts(a);
  }
```

练　习　题

一、选择题

1. 以下程序的输出结果是(　　)。

```
#include "stdio.h"
void main()
{    int i, x[3][3]={1,2,3,4,5,6,7,8,9};
     for(i=0; i<3;i++)
          printf("%d,",x[i][2-i]);
}
```

A) 1,5,9　　B) 1,4,7　　C) 3,5,7　　D) 3,6,9

2. 若定义“int a[3][4];”，则对 a 数组元素的正确引用是(　　)。

A) a[2][4]　　B) a[1,3]　　C) a[1+1][0]　　D) a(2)(1)

3. 调用“strlen("abcd\0ef\0g")”的返回值为(　　)。

A) 4　　B) 5　　C) 8　　D) 9

4. 判断字符串 s1 是否大于 s2，应当使用(　　)。

A) if(s1>s2)　　B) if(strcmp(s1,s2))

C) if(strcmp(s1,s2)>0)　　D) if(strcmp(*s1,*s2)>0)

5. 以下对一维整型数组 a 的正确说明是(　　)。

A) int a(10);　　B) int n= 10,a[n];

C)
```
int  n;
scanf("%d",&n);
int a[n];
```

D)
```
#define  SIZE  10
int a[SIZE];
```

6. 若有说明“int a[10];”，则对 a 数组元素的正确引用是(　　)。

A) a[10]　　B) a[3.5]　　C) a[5]　　D) a[10-20]

7. 执行下面程序段后，其输出结果是(　　)。

```
char str[ ]="ab\n\0/01\\\n";
printf("%d",strlen(str));
```

A) 3　　B) 4　　C) 6　　D) 12

8. 以下对二维数组 a 的正确定义是(　　)。

A) int a[3][ ];　　B) float a(3,4);

C) double a[1][4];　　D) float a(3)(4);

9. 不能把字符串“string”赋给数组 b 的语句是(　　)。

A) char b[10]={'s','t','r','i','n','g','\n'};　　B) char b[10];b="string";

C) char b[10];strcpy(b,"string");　　D) char b[10]="string";

10．以下对二维数组 a 进行不正确初始化的是(　　)。

A) int a[ ][3]={3,2,1,1,2,3};　　B) int a[ ][3]={{3,2,1},{1,2,3}};

C) int a[2][3]={{3,2,1},{1,2,3}};　　D) int a [ ][ ]= {{3,2,1},{1,2,3}};

11．下面程序的输出结果是(　　)。

```
#include "stdio.h"
void main()
{
    int a[3][3]={{1,2},{3,4},{5,6}},i,j,s=0;
    for(i=1;i<3;i++)
        for(j=0;j<i;j++)
            s+=a[i][j];
    printf("%d\n",s);
}
```

A) 14　　B) 19　　C) 20　　D) 21

12．当执行下面的程序时，如果输入 ABC，则输出结果是(　　)。

```
#include "stdio.h"
#include "string.h"
void main()
{
    char ss[10]="1,2,3,4,5";
    gets(ss);
    strcat(ss,"6789");
    printf("%s\n",ss);
}
```

A) ABC6789　　B) ABC67　　C) 12345ABC6　　D) ABC456789

13．下列程序执行后的输出结果是(　　)。

```
#include "stdio.h"
void main()
{
    int aa[4][4]={{1,2,3,4},{5,6,7,8},{3,9,10,2},{4,2,9,6}};
    int i,s=0;
    for(i=0;i<4;i++)
    s+=aa[i][1];
    printf("%d\n",s);
}
```

A) 11　　B) 19　　C) 13　　D) 20

14．下列程序执行后的输出结果是(　　)。

```
#include "stdio.h"
#include "string.h"
void main()
{
    char a[ ]={'a','b','c','d','e','f','g','h','\0'};
    int i,j;
    i=sizeof(a);
    j=strlen(a);
    printf("%d,%d\n",i,j);
}
```

A) 9,9　　B) 8,9　　C) 1,8　　D) 9,8

15. 若有说明“int a[ ][3]={1,2,3,4,5,6,7};”，则 a 数组第一维的大小是(　　)。

A) 2　　B) 4　　C) 3　　D) 无确定值

16. 下面是对 s 数组的初始化，其中不正确的是(　　)。

A) char s[5]={"abc"};

B) char s[5]={'a','b','c'};

C) char s[5]={" "};

D) char s[5]= "abcdef";

17. 下列程序执行后的输出结果是(　　)。

```
# include "stdio.h"
void main()
{
    char n[5]={0,0,0},i,k=2;
    for(i=0;i<k;i++)
        n[i]=n[i]+1;
    printf("%d\n",n[k]);
}
```

A) 不定值　　B) 2　　C) 1　　D) 0

18. 以下程序的执行结果是(　　)。

```
#include "stdio.h"
void main( )
{
    char ch[7]={"12ab56"};
    int i,s=0;
    for(i=0; ch[i]>='0' && ch[i]<='9'; i+=2)
        s=10*s+ch[i]-'0';
    printf("%d\n",s);
}
```

A) 1　　　B) 1256　　　C) 12ab56　　　D) 1
2
5
6

二、填空题

1．若定义“int a[3][4]={{1,2},{0},{4,6,8,10}};”，则 a[1][2]得到的初值是_________，a[2][1]得到的初值是_________。

2．下面程序执行时输入“Language　Program <CR>”后的执行结果是_________。

```
#include "stdio.h"
void main( )
{
      char str[30];
      scanf("%s",str);
      printf("%s\n",str);
}
```

3．以下程序的执行结果是_________。

```
#include "stdio.h"
void main( )
{
      int arr[10],i,k=0;
      for(i=0;i<10;i++) arr[i]=i;
      for(i=0;i<4;i++)   k+=arr[i]+i;
      printf("%d\n",k);
}
```

4．以下程序的执行结果是_________。

```
#include "stdio.h"
void main()
{
    char s[]={"1a2b5c"};
    int i;
    for(i=0;s[i]!='\0';i++)
        if(s[i]>='0'&&s[i]<='9')
            printf("%c",s[i]);
}
```

5．以下程序的执行结果是_________。

```
#include "stdio.h"
void main()
{
```

```
    char s[ ]="abcdef";
    s[3]='\0';
    printf("%s\n",s);
}
```

6．以下程序统计从终端输入的字符中各大写字母的个数。用#号作为输入结束标志，请填空。

```
# include "stdio.h"
# include "string.h"
void main()
{
    int num[26], i;
    char c;
    for(i=0; i<26; i++)
        num[i]=0;
    while(__________!='#')          /*从终端输入的字符，用 # 号作为结束标志*/
        if (__________)              /*判断是否为大写字母*/
            num[c-65]+=1;
    for(i=0;i<26;i++)
        if(num[i])
            printf("%c:%d\n", 'A'+i,num[i]);
}
```

7．以下程序的执行结果是_________。

```
#include "stdio.h"
void main()
{
    int i,j,a[2][3]={ {2,4,6},{8,10,12}};
    printf("the original array is: \n");
    for(i=0;i<2;i++)
    {   for(j=0;j<3;j++)
            printf("%4d",a[i][j]);
        printf("\n");
    }
    printf("\nthe result is:\n");
    for(i=0;i<3;i++)
    {   for(j=0;j<2;j++)
            printf("%4d",a[j][i]);
        printf("\n");
    }
}
```

8．以下程序的执行结果是________。

```
#include "stdio.h"
void main()
{
    int a[4][4]={{1,2,-3,-4},{0,-12,-13,14},{-21,23,0,-24},{-31,32,-33,0}};
    int i,j,s=0;
    for(i=0;i<4;i++)
    {   for(j=0;j<4;j++)
        {   if(a[i][j]<0)continue;
            if(a[i][j]==0)break;
            s+=a[i][j];
        }
    }
    printf("%d\n",s);
}
```

9．如果从键盘上输入以下内容(↙代表回车符)：

```
C++↙
BASIC↙
QuickC↙
Ada↙
Pascal↙
```

则以下程序运行时，程序的执行结果是________。

```
# include "stdio.h"
# include "string.h"
void main()
{
    int i;
    char str[10],temp[10];
    gets(temp);
    for(i=0;i<4;i++)
    {   gets(str);
            if ( strcmp(temp,str)<0 )
                strcpy(temp,str);
    }
    printf("%s\n",temp);
}
```

三、编程题

1．求二维数组中全部元素之和。

2．求一个 3×4 矩阵的所有靠外侧的元素值之和。

3．将一个数组中的值按逆序重新存放。例如原来的顺序为 8，6，5，4，1，要求改为 1，4，5，6，8。

4．已有一个排序好的数组，输入一个数，要求按原来的顺序将这个数插入数组中。

5．求一维数组各元素的平均值。

6．将两个字符串连接起来，不要用 strcat( )函数。

第7章　函　　数

本章要点

- 函数的定义；
- 函数的返回值与函数的类型；
- 函数的调用及参数的传递关系；
- 函数的嵌套与递归；
- 全局变量和局部变量的概念；
- 变量的存储类别。

学习方法建议

学习本章内容时，应重点掌握函数的定义和使用方法，学会函数的调用以及参数的传递关系。要求从阅读程序开始，逐步掌握函数编程的思路，并仿照例题练习编写程序、上机调试，真正掌握结构化程序的设计。函数的递归调用是本章的难点。

7.1　引　　例

1．问题描述——求函数值

求 $y = (f(x))^3 + (f(x))^2 + f(x) + 6$ 的值，其中 $f(x) = x^2 + 3x - 1$，x 为实数。

2．引例分析

此程序可定义 3 个函数，一个是 f()函数，功能是用于求 $x^2 + 3x - 1$ 的值；一个是 fadd()函数，该函数嵌套调用 f()函数，用于求 y 的值；第三个函数就是主函数，用来输入 x 的值，并输出 y 的值。

3．程序代码

源程序：

```
#include "stdio.h"
double   fadd (double);              /*函数说明*/
double   f(double);                  /*函数说明*/
void main( )
```

```
{
    double x,y;
    printf("Please input   x: ");
    scanf("%lf",&x);                                  /*输入 x 值*/
    y=fadd(x);                                        /*调用 fadd(x)函数*/
    printf("y = %6.3f \n",y);                         /*输出 y 值*/
}
double fadd(double x)                                 /*定义函数 fadd ()*/
{
    double ftemp,y;
    ftemp=f (x);                                      /*调用 f (x)函数*/
    y=ftemp*ftemp*ftemp+ftemp*ftemp+ftemp+6;          /*计算 y 值*/
    return y;                                         /*返回函数值*/
}
double   f (double x)                                 /*定义函数 f ()*/
{
    double   y;
    y=x*x+3*x-1;
    return   y;                                       /*返回函数值*/
}
```

运行结果：

```
Please input   x: 5
y = 60885.000
```

4．程序说明

本程序共有 3 个函数，主函数、f()函数和 fadd()函数，主函数调用 fadd()函数，fadd()函数调用 f()函数，这是函数嵌套调用的问题。另外，还涉及函数的定义、函数的说明、函数的调用和函数的返回值等问题，下面主要介绍函数的应用。

7.2　函数的定义与调用

C 语言是通过函数来实现模块化程序设计的，所以较大的 C 语言应用程序往往是由多个函数组成的，每个函数分别对应各自的功能模块。

7.2.1　函数的定义

任何函数(包括主函数 main())都是由函数首部和函数体两部分组成的。根据函数是否需要参数，可将函数分为无参函数和有参函数两种。

1. 无参函数的一般形式

```
函数类型　函数名( )
{
    说明语句部分;
    可执行语句部分;
}
```

2. 有参函数的一般形式

```
函数类型　函数名( 数据类型　参数 1[, 数据类型　参数 2…] )
{
     说明语句部分;
     可执行语句部分;
}
```

【例 7.1】　定义一个函数，用于求两个数中的大数。

源程序：

```c
#include "stdio.h"
int max(int a, int b)                /*定义一个函数 max()*/
{
    return (a>b?a:b);
}
void main()
{
    int max(int a, int b);           /*函数说明*/
    int num1,num2;
    printf("input two numbers:\n");
    scanf("%d%d", &num1, &num2);
    printf("max=%d\n", max(num1,num2));
}
```

运行结果：

```
input two numbers:
12 45
max=45
```

3. 空函数的定义

把既无参数、函数体又为空的函数称为空函数。其一般形式如下：

```
[函数类型]　函数名()
{　　}
```

有关函数的说明如下：

(1) 函数类型：用于指定函数带回来的值的类型，可以是任何有效类型。函数类型可以省略，系统默认为 int 型，这时函数返回一个整数值。当函数无返回值时函数类型一般应写成 void，称为无类型或空类型，以明确告诉 C 编译系统该函数无返回值。

(2) 参数表：它是一个用逗号分隔的变量说明表，参数表中的参数称为形式参数，简称形参，故又称形参表。形参用于主调函数和被调用函数之间进行数据传递，即当函数被调用时，形参接收实参传过来的值。

参数表的定义形式如下：

类型标识符　形式参数 1，类型标识符　形式参数 2，…

例如，float area(float a,float b,float c)

(3) 可以定义空函数，即形式参数和函数体均为空。调用此函数时，不做任何工作，只是表明这里需要调用一个函数。示例如下：

```
int  add ( )
{   }
```

一般在大型程序设计的初期经常会用到空函数，因为在程序开发过程中，通常先开发主要的函数，次要的函数或准备扩充程序功能的函数暂时写成空函数，待以后补充。这样做可以使程序的结构更清晰，可读性更好，以后扩充新功能时更方便，而目前对程序实现主要功能的影响却不大。

7.2.2　函数的返回值与函数类型

C 语言的函数兼有其他语言中的函数和过程两种功能，从这个角度看，又可把函数分为有返回值函数和无返回值函数两种。

1. 函数返回值与 return 语句

函数的返回值是通过函数中的 return 语句来获得的。

return 语句的一般格式如下：

return (返回值表达式);

return 语句的功能：返回调用函数，并将“返回值表达式”的值带给调用函数。

说明如下：

(1) 一个函数中可以有一个或多个 return 语句，当执行到某个 return 语句时，程序的控制流程将返回到主调函数，并将 return 语句中表达式的值作为函数值带回。

(2) 若函数体内没有 return 语句，则一直执行到函数体末尾的“}”为止，然后返回到主调函数，这时也会有一个不确定的值被带回到主调函数。若不需要带回函数值，一般可将函数定义为 void 类型。

```
void  print_star( )
{
    printf("******");
}
```

(3) return 语句中表达式的类型应与函数类型一致，若不一致时，则以函数类型为准。

2. 函数类型

函数类型与 return 语句返回值的类型一致。

注意：

- 不要求返回值的函数都应定义为空类型。
- 若缺省函数类型，则系统一律按整型处理。

7.2.3　对被调用函数的说明和函数原型

如果调用库函数，则不用说明，但应该在本文件开头用#include 命令将调用有关库函数包含到本文件中。例如，#include "stdio.h"。

如果调用自定义函数，在调用之前，应对被调用函数进行说明，其目的是使编译系统知道被调用函数返回值的类型、函数参数的个数、类型和顺序，便于调用时对调用函数提供的实际参数的类型、个数和顺序进行检查，看是否与被调用函数一致。

对被调用函数进行说明，其一般格式如下：

　　函数类型　函数名(数据类型[　参数名 1][, 数据类型[　参数名 2]…])；

例如，例 7.1 主函数中的“int max(int a, int b);”语句是函数说明语句。说明函数 max 的返回值类型为整型，有两个形式参数 a、b，它们都是整型。

C 语言同时又规定以下两种情况，可以省去对被调用函数的说明。

(1) 如果被调用函数的函数定义出现在调用函数之前，则可以不必进行说明。因为在调用之前，编译系统已经知道了被调用函数的函数类型、参数个数、类型和顺序。

(2) 如果在所有函数定义之前，在函数外部(例如文件开始处)预先对各个函数进行了说明，则在调用函数中可缺省对被调用函数的说明。

示例如下：

```
char f1(int a);          /*函数说明*/
float f2(float b);       /*函数说明*/
void main( )
{...}
char f1(int a)           /*函数定义*/
{...}
float f2(float b)        /*函数定义*/
{...}
```

7.2.4　函数的调用

在程序中，是通过对函数的调用来执行函数体的，其过程与其他语言的子程序调用相似。

1．函数调用

C 语言中函数调用的一般形式如下：

　　函数名([实际参数表])

实参的个数、类型和顺序应该与被调用函数所要求的参数个数、类型和顺序一致，只有这样才能正确地进行数据传递。

2．函数调用方式

在 C 语言中，可以用以下几种方式调用函数：

(1) 函数表达式。函数作为表达式的一项出现在表达式中，以函数返回值参与表达式的运算。这种方式要求函数是有返回值的。例如：

```
c=2*max(a,b);
```

(2) 函数语句。C 语言中的函数可以只进行某些操作而不返回函数值，这时的函数调用可作为一条独立的语句。例如：

```
max(a,b);
```

(3) 函数实参。函数作为另一个函数调用的实际参数出现。这种情况是把该函数的返回值作为实参进行传送，因此要求该函数必须是有返回值的。例如：

```
n=max(a,max(b,c));
```

其中 max(b,c)是一次调用，它的值作为 max 另一次调用的实参。

注意：调用时实参与形参在类型必须匹配。

7.2.5　函数的形参与实参

函数的参数分为形参和实参两种，作用是实现数据传送。形参出现在函数定义中，只能在该函数体内使用。发生函数调用时，调用函数把实参的值复制一份，传送给被调用函数的形参，从而实现调用函数向被调用函数的数据传送。

关于形参与实参的说明如下：

(1) 实参可以是常量、变量、表达式、函数等。无论实参是何种类型的量，在进行函数调用时，它们都必须具有确定的值，以便把这些值传送给形参。因此，应预先用赋值、输入等办法，使实参获得确定的值。

(2) 形参变量只有在被调用时才分配内存单元；调用结束时，即刻释放所分配的内存单元。

(3) 实参对形参的数据传送是单向的，即只能把实参的值传送给形参，而不能把形参的值反向地传送给实参。

(4) 实参和形参占用不同的内存单元，即使同名也互不影响。

【例 7.2】　实参对形参的数据传递。

源程序：

```
#include "stdio.h"
void main()
{
    void  s(int n);              /*函数说明*/
    int n=100;                   /*定义实参 n，并初始化*/
    s(n);                        /*调用函数*/
    printf("n_s=%d\n",n);        /*输出调用后实参的值*/
}
void  s(int n)
```

```
{
    int i;
    printf("n_x=%d\n",n);                  /*输出改变前形参的值*/
    for(i=n-1; i>=1; i--)   n=n+i;          /*改变形参的值*/
    printf("n_x=%d\n",n);                  /*输出改变后形参的值*/
}
```

运行结果：

```
n_x=100
n_x=5050
n_s=100
```

7.3　函数的嵌套调用和递归调用

7.3.1　函数的嵌套调用

函数的嵌套调用是指在执行被调用函数时，被调用函数又调用了其他函数。这与其他语言的子程序嵌套调用的情形是类似的，其关系如图 7-1 所示。

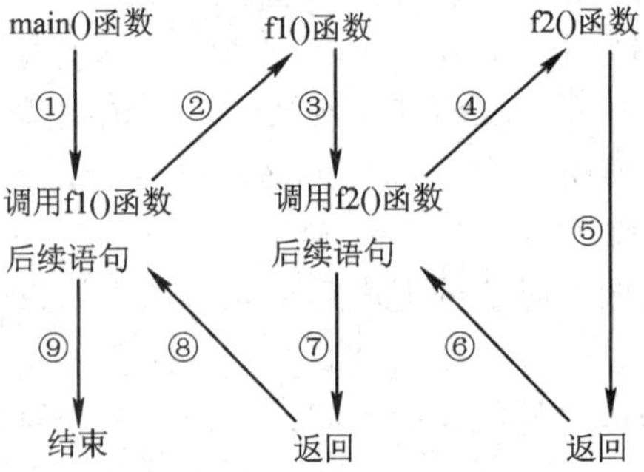

图 7-1　嵌套调用

图 7-1 是一个两层的嵌套调用(包括 main( )函数共 3 层函数)的例子，其执行过程如下：

(1) 执行 main( )函数的开始部分。

(2) 遇到调用 f1( )函数的语句，程序执行流程转到 f1( )函数去执行。

(3) 执行 f1( )函数的开始部分。

(4) 遇到调用 f2( )函数的语句，程序执行流程转到 f2( )函数去执行。

(5) 执行 f2( )函数，若没有其他嵌套的函数，则完成 f2( )函数的全部操作。

(6) 返回调用 f2( )函数的位置，即返回到 f1( )函数的调用位置。

(7) 继续执行 f1( )函数中尚未执行的部分，直到 f1( )函数结束。

(8) 返回 main( )函数中调用 f1( )函数的位置。

(9) 继续执行 main( )函数中的剩余部分直到整个程序执行结束。

其中的(1)、(2)、(3)…表示了执行嵌套调用过程的顺序号，即从(1)开始经过二级嵌套，到(9)

结束。

【例 7.3】　计算 $s = 1^k + 2^k + 3^k + \cdots + n^k$。

源程序：

```
#define K 4
#define N 5
long    f1(int n,int k)                 /*计算 n 的 k 次方*/
{
      long power=n;
      int i;
      for(i=1;i<k;i++)    power *= n;
      return power;
}
long    f2(int n,int k)                 /*计算 1～n 的 k 次方之累加和*/
{
      long sum=0;
      int i;
      for(i=1;i<=n;i++)
            sum += f1(i, k);            /*在函数 f2()中调用函数 f1()*/
      return sum;
}
#include "stdio.h"
void main()
{
      printf("Sum of %d powers of integers from 1 to %d = ",K,N);
      printf("%d\n",f2(N,K));
 }
```

运行结果：

```
Sum of 4 powers of integers from 1 to 5 = 979
```

7.3.2　函数的递归调用

所谓函数的递归调用，是指一个函数在它的函数体内直接或间接地调用它自身。递归调用分为直接递归调用和间接递归调用两种。例如，直接递归调用就是在 main( )中调用 f( )函数，而在 f( )函数体中又调用 f( )函数；间接递归调用就是在 main( )中调用 f1( )函数，在 f1( )函数体中调用 f2( )函数，而在 f2( )函数体中又返回来调用 f1( )函数。递归调用的函数称为递归函数，如上述的 f1( )函数和 f2( )函数就是递归函数。函数的递归调用如图 7-2 所示。

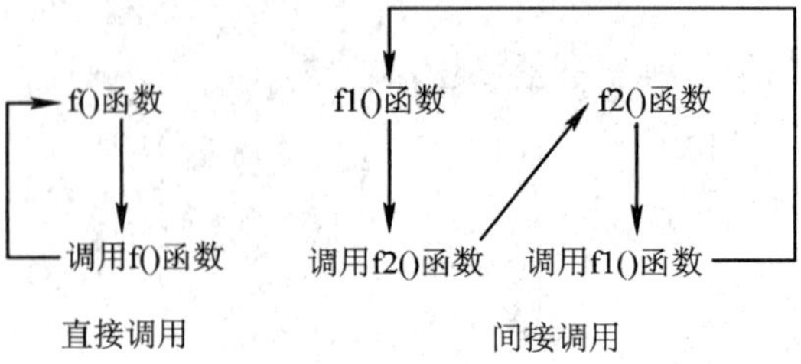

图 7-2　函数的递归调用

C 语言允许函数的递归调用。在递归调用中，调用函数又是被调用函数，执行递归函数将反复调用其自身。每调用一次就进入新的一层。

为了防止递归调用无休止地进行，必须在函数内设置终止递归调用的手段。常用的办法是加条件判断，当满足某种条件后就不再作递归调用，然后逐层返回。

递归调用的过程可分为如下两个阶段：

(1) 递推阶段：将原问题不断转化为新问题，逐渐从未知向已知的方向推测，最终达到已知的条件，即递归结束条件。

(2) 回归阶段：从已知条件出发，按递推的逆过程，逐一求值回归，最后到递推的起始处，完成回归。

【例 7.4】　用递归法计算 n!。

阶乘(n！)的递归定义如下：

$$n!=\begin{cases}1 & (n=0)\\ n\times(n-1)! & (n>0)\end{cases}$$

源程序：

```
#include "stdio.h"
int fact(int n)                          /*定义 fact()函数，用于求 n!*/
{
    int f;
    if(n>0)   f=fact(n-1)*n;             /*递归调用函数 fact()*/
    else   f=1;
    return(f);
}
void main()
{
    int n;
    printf("input number:");
    scanf("%d",&n);
    printf("%d!=%d\n",n,fact(n));        /*调用函数 fact()*/
}
```

运行结果：

```
input number:5
5!=120
```

程序执行过程如下：

递推	回归
5！=5 * 4!	5! = 5 * 4！=5 * 24 = 120
↓递推①	↑回归⑤
4！=4 * 3!	4! = 4 * 3！=4 * 6 = 24
↓递推②	↑回归④
3！=3 * 2!	3! = 3 * 2！=3 * 2 = 6
↓递推③	↑回归③
2！=2 * 1!	2! = 2 * 1！=2 * 1 = 2
↓递推④	↑回归②
1！=1 * 0!	1! = 1 * 1 = 1
↘递推⑤	↗回归①

0！=1
(已知)

使用递归调用方法编写的程序简洁清晰，可读性强。因此，人们都喜欢用递归调用的方法解决某些问题。但是，用这种方法编写的程序执行起来在系统资源的开销上都比较大，既要占用较多的内存单元，又要花费较多的计算时间，因为递归调用时要占用内存的许多单元存放递推的中间结果，复杂的递归调用占用内存空间较多，而能用递归调用方法编写的程序大多都可以采用循环方法来编写，而相同的问题用循环方法虽然比用递归方法编写的源程序长些，但执行的效率却比它高，所以即使能用递归调用编写的程序一般也不采用递归方法，而是采用循环方法，但有的问题若不采用递归方法则编写非常困难。

注意：

- 递归函数中一定有 if 或类似的语句来终止递归调用，否则程序会无休止地递归下去，即无限递归。
- 比较简单的递归程序都可以用循环程序实现，但递归程序的效率远低于循环程序，因此应尽量使用循环程序。

【例 7.5】　递归求年龄问题。有 5 个人，第 5 个人说他比第 4 个人大 2 岁，第 4 个人说他比第 3 个人大 2 岁，第 3 个人说他比第 2 个人大 2 岁，第 2 个人说他比第 1 个人大 2 岁，第 1 个人说他 10 岁。求第 5 个人多少岁。

根据对问题的分析，可以得出如下的递归公式：

$$age(n)=\begin{cases}10 & (n=1)\\ age(n-1)+2 & (n>1)\quad \text{递归公式}\end{cases}$$

源程序：

```
#include<stdio.h>
int age(int n)
{
    int c;                    /*变量 c 为年龄*/
```

```
        if (n==1)
            c=10;
        else
            c=age(n-1)+2;          /*递归调用*/
        return c;
    }
    void main()
    {
         printf("age=%d",age(5));
    }
```

运行结果：

```
age=18
```

7.4 数组作为函数参数

数组用作函数参数有两种形式：一种是把数组元素(又称下标变量)作为实参使用；另一种是把数组名作为函数的形参和实参使用。

7.4.1 数组元素作为函数参数

数组元素就是下标变量，它与普通变量并无区别。数组元素只能用作函数实参，其用法与普通变量完全相同。在发生函数调用时，把数组元素的值传送给形参，实现单向值传送。

【例 7.6】 写一函数，统计字符串中字母的个数。

源程序：

```
    #include "stdio.h"
    int   isalp(char c)
    {
        if (c>='a'&&c<='z'||c>='A'&&c<='Z')       /*判断是否为字母*/
            return(1);                            /*返回真值 1*/
        else   return(0);                         /*返回假值 0*/
    }
    void main()
    {
        int i,num=0;
        char str[255];
        printf("Input   a   string:");
```

```
    gets(str);
    for(i=0;str[i]!='\0';i++)
        if(isalp(str[i])) num++;    /*循环调用函数，若返回值为真，则字母个数+1*/
    puts(str);
    printf("num=%d\n",num);
}
```

运行结果：

```
Input  a  string:I love JiLin.
I love JiLin.
num=10
```

注意：

- 用数组元素作实参时，只要数组类型和函数的形参类型一致即可，对数组元素的处理是按普通变量对待的。
- 当普通变量或下标变量作函数参数时，形参变量和实参变量是由编译系统分配的两个不同的内存单元。在函数调用时发生的值传送，是把实参变量的值赋予形参变量。

7.4.2　数组名作为函数的形参和实参

数组名作函数参数时，既可以作形参，也可以作实参。而且形参和相对应的实参都必须是类型相同的数组(或指向数组的指针变量)，都必须有明确的数组说明。

【例 7.7】　已知某个学生 5 门课程的成绩，求其平均成绩。

源程序：

```
#include "stdio.h"
float aver(float a[ ])                  /*求平均值函数*/
{
    int i;
    float av,s=a[0];
    for(i=1;i<5;i++)    s+=a[i];
    av=s/5;
    return av;
}
void main()
{
    float sco[5],av;
    int i;
    printf("input 5 scores:\n");
    for(i=0;i<5;i++)
        scanf("%f",&sco[i]);
```

```
    av=aver(sco);                /*调用函数，实参为一数组名*/
    printf("average score is %5.2f\n",av);
}
```

运行结果：

```
input 5 scores:
87 88 89 67 90
average score is 84.20
```

注意：

- 用数组名作函数参数，应该在调用函数和被调用函数中分别定义数组，且数据类型必须一致，否则结果将出错。
- C 编译系统对形参数组大小不做检查，所以形参数组可以不指定大小。例如，本例中的形参数组 a[ ]。

7.5 局部变量与全局变量

C 语言中所有的变量都有自己的作用域。变量说明的位置不同，其作用域也不同，因此 C 语言将变量分为局部变量和全局变量。

7.5.1 局部变量

在一个函数内部或一个复合语句内定义的变量称为局部变量，它只在本函数范围或该复合语句内有效，即只有在本函数内或本复合语句内才能使用它们，离开该范围是不能使用这些变量的。示例如下：

```
int f1(int a)       /*函数 f1()*/
{   int b,c;
     ⋮
}                   /*a、b、c 作用域：仅限于函数 f1()中*/
int f2(int x)       /*函数 f2()*/
{   int y,z;
     ⋮
}                   /*x、y、z 作用域：仅限于函数 f2()中*/
void main()
{   int m,n;
     ⋮
}                   /*m、n 作用域：仅限于函数 main()中*/
```

注意：

- 主函数 main()中定义的内部变量只能在主函数中使用，其他函数不能使用。同时，主函数也不能使用其他函数中定义的内部变量。

- 允许在不同的函数中使用相同的变量名，它们代表不同的对象，分配不同的单元，互不干扰，也不会发生混淆。
- 在复合语句中也可定义变量，其作用域只在复合语句范围内。

7.5.2 全局变量

在函数外部定义的变量称为全局变量，它的作用域是从定义变量的位置开始到本文件结束。外部变量可被作用域内的所有函数直接引用。

例如：

```
int x,y;                /*全局变量*/
float f1(int a)
{…    }
float a,b;              /*全局变量*/
int f2(int c)
{   int z;
    ⋮
}
void main()
{   int m,n;
    ⋮
}
```

【例 7.8】 分析下面程序，写出运行结果。

源程序：

```
int n=12;                                   /*定义全局变量 n*/
#include "stdio.h"
fun1( )
{
    printf("fun1    Public    n = %d \n",n);  /*全局变量 n 有效*/
    n++;                                    /*全局变量 n 有效*/
}
void main( )
{
    int n=5;                                /*定义局部变量 n*/
    fun1( );
    printf("main    Public    n = %d \n",n);  /*局部变量 n 有效*/
}
```

运行结果：

```
fun1   Public   n = 12
main   Public   n = 5
```

7.6　变量的动态存储与静态存储简介

从变量值存在时间(即生存期)的角度看，变量可分为动态存储方式(动态变量)和静态存储方式(静态变量)两种。动态存储方式是指在程序运行期间根据需要临时分配动态存储空间。静态存储方式是指程序运行期间分配固定的存储空间。

计算机内存中供用户使用的存储空间一般有3个区：程序区、静态存储区和动态存储区。C程序中，全局变量全部存放在静态存储区中。在程序开始执行时就在静态存储区给全局变量分配存储空间；执行过程中全局变量占有固定的存储空间，有固定的内存地址；待程序执行完毕才释放所占内存空间。函数形参变量和局部变量一般放在动态存储区。函数形参变量是在函数被调用时在动态存储区分配存储空间的。局部变量则是在进入函数后才在动态存储区分配存储空间的。

C语言中的每一个变量和函数都有两种属性：数据类型和数据存储类型。有关数据类型的相关知识，前面已经介绍过。存储类型是指数据在内存中的存储方式。存储方式分两大类：动态存储方式和静态存储方式。其中动态存储方式又分为自动变量(auto)和寄存器变量(register)两种，静态存储方式又分为静态变量(static)和外部变量(extern)两种。因此，完整的变量定义形式一般为：

　　存储类型　数据类型　变量名表；

或

　　数据类型　存储类型　变量名表；

例如，auto int a,b=4;　或　int auto a,b=4;

　　static float c;　或　float static c;

7.6.1　静态变量

1．静态局部变量

如果希望在函数调用结束后仍然保留函数中定义的局部变量的值，以便继续使用，则可以将该局部变量定义为静态局部变量(或称局部静态变量)。例如：

```
static   int   x;       /*将int型变量x定义为静态的*/
static   float   y;     /*将float型变量y定义为静态的*/
```

当定义静态int型变量时，可省略类型名，例如：

```
static   x;             /*x为int型静态变量*/
```

静态局部变量占据静态存储区中的存储单元，因此在函数调用结束后，它的值并不消失，其值能够保持连续性，直到整个程序运行结束。

另外，静态局部变量是在编译过程中赋初值的，且只赋一次初值，因此在程序运行时其初值已经确定，以后调用函数时不再赋初值，而是连续保留上一次函数调用时的结果。若不给静态局部变量赋初值，则系统的默认初值为0。

【例7.9】　分析下面程序，写出运行结果，注意静态变量的变化。

源程序：

```
#include "stdio.h"
void fun(int n);          /*函数说明*/
void main( )
{    fun(1);              /*第 1 次调用 fun( )函数*/
     fun(2);              /*第 2 次调用 fun( )函数*/
     fun(3);              /*第 3 次调用 fun( )函数*/
}
void    fun(int n)
{   static int x=2;       /*说明 x 为静态存储类 int 型变量，并将其初始化为 2*/
     int y=0;             /*说明 x 为自动存储类 int 型变量(缺省默认)，并将其初始化为 0*/
     x+=2;    y++;
     printf("(%d)x = %d, y = %d \n",n,x,y);
}
```

运行结果：

```
(1) x = 4, y = 1
(2) x = 6, y = 1
(3) x = 8, y = 1
```

从运行结果可知，main( )中调用了 3 次 fun( )函数，每次调用时 fun( )函数中定义的自动型局部变量 y 的值均重新初始化为 0，而 fun( )函数定义的静态局部变量 x 的值只初始化一次(初值为 2)，每次调用时均保持上一次调用的结果。

2．静态全局变量

如果希望在一个文件中定义的全局变量的作用域仅局限于此文件中，而不能被其他文件所访问，则可以将其定义为静态全局变量。例如：

```
static float f;     /*将 float 型全局变量 y 定义为静态的*/
```

全局变量 f 称为静态全局变量(或静态外部变量)，它的作用范围是从定义它的位置开始到该文件的结束，而在本程序的其他文件中无法使用该变量。

注意：

- 静态变量属于静态存储。在程序执行过程中，即使所在函数调用结束也不释放。换句话说，在程序执行期间，静态变量始终存在。
- 定义静态变量但不初始化，则自动赋以 0(整型和实型)或'\0'(字符型)；且每次调用它们所在的函数时，不再重新赋初值，只是保留上次调用结束时的值。
- 当需要保留函数上一次调用结束时的值或者变量只被引用而不改变其值时，才使用静态变量。

7.6.2　自动变量

自动变量的作用域是在定义它的函数体或分程序内，一旦退出了该函数体或分程序，则该变量就被释放，这类变量的生存期短，它被存放在内存的动态存储区内。每次进入定义它的分程序或函数体内均被动态重新分配存储区域，一旦退出该分程序或函数体后，所占用的内存区域马上被释放掉，即不存在了。所以可以避免其他函数对它造成不当的影响，同时，也不会对其他函数造成不当的影响，从上次调用到下次调用之间不保留值，必须在每次进入时重新赋值，否则其值将是一个随机值。

以前定义的变量都是自动变量，当定义变量省略存储类别时，C 编译系统默认存储类别为 auto 型。例如：

```
auto   int   i;      或    int   auto   i;    /*将 int 型变量 x 定义为自动型*/
```

可简写为 int　i;。

【例 7.10】　分析下面程序，写出运行结果，注意变量的作用域及生存期。

源程序：

```
#include "stdio.h"
void fun1( );                  /*函数原型说明*/
void fun2(int x,int y);
void main( )
{   int x,y,z;   x=4;   y=5;   z=6;
    printf ("(1) main：x = %d, y = %d, z = %d \n", x, y, z);
    fun1( );
    printf ("(2) main：x = %d, y = %d, z = %d \n", x, y, z);
    fun2(x,y);
    printf ("(3) main：x = %d, y = %d, z = %d \n", x, y, z);
}
void   fun1( )
{   int x,y,z;
    x=1;   y=2;   z=3;
    printf("     fun1：x = %d, y = %d, z = %d \n",x,y,z);
}
void   fun2(int x,int y)
{   int z;
    x+=3;   y++;   z=x+y;
    printf("     fun2：x = %d, y = %d, z = %d \n",x,y,z);
}
```

运行结果：

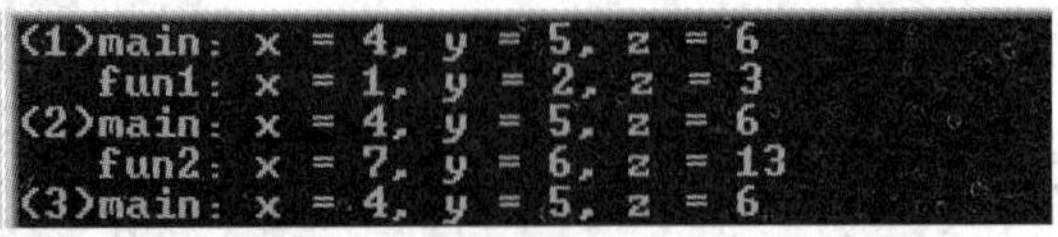

```
(1)main: x = 4, y = 5, z = 6
   fun1: x = 1, y = 2, z = 3
(2)main: x = 4, y = 5, z = 6
   fun2: x = 7, y = 6, z = 13
(3)main: x = 4, y = 5, z = 6
```

从以上程序及运行结果可以看出，函数 main( )、fun1( )及 fun2( )中的变量 x、y、z 只在各自函数内部有效，在一个函数中改变自身的 x、y、z 的值并不影响其他函数中的 x、y、z 的值。这是因为不同函数中的 x、y、z 变量对应着不同的内存单元。

【例 7.11】　自动变量与静态变量的存储特性。

源程序：

```
#include "stdio.h"
void   f()
{
     int a=0;                    /*自动变量：每次调用都重新初始化*/
     static int b=0;             /*静态变量：只初始化一次*/
     printf("a=%d,b=%d\n",a, b);
     ++a;
     ++b;
}
void main()
{
     int i;
     for(i=0; i<4; i++) f();
}
```

运行结果：

```
a=0,b=0
a=0,b=1
a=0,b=2
a=0,b=3
```

注意：

- 自动变量属于动态存储方式。在函数中定义的自动变量只在该函数内有效；函数被调用时分配存储空间，调用结束就释放。
- 在复合语句中定义的自动变量只在该复合语句中有效；退出复合语句后，就不能再使用，否则将引起错误。
- 定义动态变量而不初始化，则其值是不确定的。如果初始化，则赋初值操作是在调用时进行的，且每次调用都要重新赋一次初值。
- 由于自动变量的作用域和生存期都局限于定义它的个体内(函数或复合语句)，因此在不同的个体中允许使用同名的变量而不会混淆。即使在函数内定义的自动变量，也可与该函数内部的复合语句中定义的自动变量同名。

建议：系统不会混淆，并不意味着人也不会混淆，所以尽量少用同名自动变量。

7.6.3　寄存器变量

一般情况下，变量的值都是存储在内存中的。为提高执行效率，C 语言允许将局部变量的值存放到寄存器中，这种变量就被称为寄存器变量。其定义格式为：

register　　数据类型　　变量表；

注意：

- 只有局部动态变量和形参才能被定义成寄存器变量，而全局变量不行。
- 对寄存器变量的实际处理，随系统而异。
- 允许使用的寄存器数目是有限的，不能定义任意多个寄存器变量。

➘ 局部静态变量不能被定义为寄存器变量。

建议：当今的优化编译系统能够识别使用频繁的变量，从而自动地将这些变量放在寄存器中，而不需要程序设计者指定。因此在实际中用 register 声明变量是不必要的，读者对它有一定的了解即可。

7.6.4　外部变量

外部变量属于静态存储方式。其定义格式为：

extern　数据类型　外部变量表；

本 章 小 结

通过本章的学习，读者应掌握以下内容：

(1) 函数。函数是一个可以反复被使用的具有特定功能的且相对独立的程序段，是 C 语言的重要组成部分。

(2) 函数分类。从用户角度看，C 语言中的函数可分两类：标准函数(库函数)和用户自定义函数。从函数定义的形式看，C 语言中的函数也可分为两类：有参函数和无参函数。

(3) 函数说明。函数说明是指在函数被定义好之后，在调用之前对函数的类型及参数的类型进行的说明，又称为函数原型说明。

(4) 函数的嵌套调用和递归调用。函数的嵌套调用是指在被调函数的函数体内又调用另外一个函数。函数的递归调用是直接或间接调用自身函数。

(5) 变量的作用域和生存期。作用域是指变量、函数等在程序中的有效范围(空间)，分为局部变量和全局变量。生存期是指变量、函数等在内存中存在的时间，分为静态变量和动态变量。

(6) 局部变量和全局变量。在一个函数内部或一个复合语句内定义的变量称为局部变量，它只在本函数范围或该复合语句内有效。在函数之外定义的变量称为全局变量，它的有效范围是从定义变量的位置开始到本源文件结束。

(7) 存储类别。C 语言规定变量的存储类别分为 4 种：自动变量(auto)、寄存器变量(register)、外部变量(extern)和静态变量(static)。

上 机 实 验

一、实验目的

(1) 掌握函数的定义和调用。

(2) 掌握参数的传递关系。

二、实验内容

1．验证性实验

(1) 按以下递归公式求函数值，分析下面程序的输出结果。

```
#include <stdio.h>
int fun(int n)
{
     if (n == 1)
             return 10;
      else
            return fun(n - 1) + 2;}
void main()
{    int n;
     scanf("%d", &n);
     printf("%d\n", fun(n));}
```

(2) 求 n 以内同时能被 3 与 7 整除的所有数的和，并作为函数值返回，分析下面程序。

```
#include <stdio.h>
double   fun( int   n)
{   int i;double s=0;
    for(i=1;i<=n;i++)
       if(i%3==0&&i%7==0)
          s=s+i;
    return s;}
void main()     /*主函数*/
{   printf("s =%f\n", fun ( 1000) );
}
```

2．设计性实验

(1) 函数 fun()的功能是：根据整型形参 m，计算如下公式的值。请将程序补充完整。

$$y=\frac{1}{100\times100}+\frac{1}{200\times200}+\frac{1}{300\times300}+\cdots+\frac{1}{m\times m}$$

例如，若 m=2000，则应输出 0.000160。

```
#include <stdio.h>
________ fun (int m)
{   double y = 0, d ;
    int i ;
    for(i = 100;i <=  ________; i += 100)
    {   d = (double)i * (double)i ;
       y += 1.0/d ; }
    return(y);
}
void main()
{   int n = 2000 ;
    printf("\nThe result is %lf\n", fun (n));}
```

(2) 函数功能是：求一个 3 × 4 整型二维数组中所有元素的平均值。请将程序补充完整。

```
#include <stdio.h>
double fun(int b[3][4])
{     int i,j;double sum = 0;
      for (i = 0; i<3; i++)
            for ( j = 0; j<4; j++)
                  sum += b[i][j];
      return sum/12.0;}
void main()
{     int a[3][4] = { 1, 3, 5, 7, 9, 2, 4, 6, 8, 10, 18, 11 };
      printf("%f\n", fun(a));}
```

(3) 编写函数 fun( )，其功能是将一维数组中的值按逆序重新存放。请将程序补充完整。

```
#include <stdio.h>
#define N 5
void fun( int a[N])              /*数组逆序的函数实现*/
{     int i, t;
      for (i = 0; i< N/2; i++)
      { t = a[i];a[i] = __________; a[N-1-i] = __________;}
      }
void main()
{     int i;
      int a[N] = { 1, 3, 9, 5, 8 };
      fun(a);
      for (i = 0; i< N; i++)
            printf("%4d\n", a[i]);}
```

(4) 函数的功能是：实现 B=A+A'，即把矩阵 A 加上 A 的转置，存放在矩阵 B 中。请将程序补充完整。

```
#include <stdio.h>
void   fun ( int a[3][3], int b[3][3]) /*矩阵的转置*/
{   int i,j;
    for(i=0;i<3;i++)
    for(j=0;j< __________;j++)
          b[i][j]= __________;}
void main( )     /*主程序*/
{
        int a[3][3] = {{1, 2, 3}, {4, 5, 6}, {7, 8, 9}}, t[3][3] ,i, j ;
        fun(a, t) ;
        for (i = 0 ; i < 3 ; i++)
        {   for (j = 0 ; j < 3 ; j++)
```

```
            printf("%7d", t[i][j]) ;
        printf("\n") ;}
    }
```

练　习　题

一、选择题

1. 以下属于正确的函数定义形式是(　　)。

A) double fun(int x,int y)　　B) double fun(int x;int y)

C) double fun(int x,int y);　　D) double fun(int x, y)

2. 函数调用语句“func((x1,x2),(x3,x4,x5));”含有的实参个数是(　　)。

A) 1　　B) 2　　C) 4　　D) 5

3. 以下对函数调用描述错误的是(　　)。

A) 出现在执行语句中　　B) 出现在表达式中

C) 作为函数的实参　　D) 作为函数的形参

4. 以下说法不正确的是(　　)。

A) 不同函数中可以使用同名变量

B) 函数内定义的变量只在本函数范围内有效

C) 形式参数是局部变量

D) 复合语句中定义的变量在本函数范围内有效

5. 以下说法正确的是(　　)。

A) 实参和与其对应的形参各占用独立的存储单元

B) 实参和与其对应的形参共占用一个存储单元

C) 只有当实参和与其对应的形参同名时才占用共同存储单元

D) 形参是虚拟的，不占用存储单元

6. 对函数及其参数，以下描述不正确的是(　　)。

A) 主函数 main()可以有参数

B) 实参和形参必须类型一致

C) 函数调用时是实参传送给形参，而形参不能传送给实参

D) 函数的返回值可有可无

7. 在 C 语言程序中，下列说法中正确的是(　　)。

A) 函数的定义和调用都可以嵌套

B) 函数的定义和调用都不可以嵌套

C) 函数的定义可以嵌套，而调用不能嵌套

D) 函数的定义不能嵌套，而调用可以嵌套

8. 定义一个具有返回值的函数但没加类型说明，则该函数的默认类型为(　　)。

A) int　　B) void　　C) float　　D) 不确定

9. 函数返回值的类型取决于(　　)。

A) 函数的类型

B) return 语句中表达式的类型

C) 调用函数将值赋给的变量的类型

D) 函数类型与 return 语句中表达式类型中较高的类型

10. C 语言中形参的默认存储类别是(　　)。

A) 自动(auto)　　B) 静态(static)

C) 寄存器(register)　　D) 外部(extern)

11. 在调用函数时，如果实参是简单变量，则它与对应形参之间的数据传送方式是(　　)。

A) 地址传送

B) 单向值传送

C) 由实参传给形参，再由形参返回实参

D) 传递方式由用户指定

12. 以下程序的运行结果是(　　)。

```
#include "stdio.h"
func(int a,int b)
{
      int temp;
      temp=a;
      a=b;
      b=temp;
}
void main( )
{
      int x,y;
      x=10;y=20;
      func(x,y);
      printf("%d,%d\n",x,y);
}
```

A) 10,20　　B) 10,10　　C) 20,10　　D) 20,20

13. 以下程序的输出结果是(　　)。

```
#include "stdio.h"
long fun(int n)
{
   if(n==1||n==2)
         return 2;
   else
         return( n+fun(n-1) );
}
```

```
void main( )
{
  printf("\n%ld",fun(4));
}
```

A) 7　　B) 8　　C) 9　　D) 10

14．以下程序的输出结果是(　　)。

```
#include "stdio.h"
void fun( )
{
    int a,b;
    a=100;
    b=200;
}
void main( )
{
    int a=5,b=7;
    fun( );
    printf("%d%d\n",a,b);
}
```

A) 100200　　B) 57　　C) 200100　　D) 75

15．以下程序的输出结果是(　　)。

```
#include "stdio.h"
int x=3;
void main( )
{
    int i;
    void incre( );
    for(i=1;i<x;i++)
        incre( );
}
void incre( )
{
    static int x=1;
    x*=x+1;
    printf("%d   ",x);
}
```

A) 3　3　　B) 2　2　　C) 2　6　　D) 2　5

16. 以下函数返回值的类型是(　　)。

```
fa(float x)
```

```
{
  printf("%d\n",x*x);
}
```

A) 与参数 x 的类型相同　　B) void 类型

C) int 类型　　D) 无法确定

17. 以下程序的输出结果是(　　)。

```
func(int a, int b)
{ int c;
  c=a+b;
  return c;
}
main( )
{
  int x=6,y=7,z=8, r;
  r=func( (x--, y++, x+y),z--);
  printf("%d\n", r );
}
```

A) 11　　B) 20　　C) 21　　D) 31

二、填空题

1. 以下程序的运行结果是__________。

```
#include "stdio.h"
func(int a[][3])
{
    int i,j,sum=0;
    for(i=0;i<3;i++)
        for(j=0;j<3;j++)
        {   a[i][j]=i+j;
            if(i==j)
                sum=sum+a[i][j];
        }
        return(sum);
}
void main( )
{
    int a[3][3]={1,3,5,7,9,11,13,15,17},sum;
    sum=func(a);
    printf("\nsum=%d\n",sum);
}
```

2．以下程序可计算 10 名学生一门课成绩的平均分，请填空。

```
#include "stdio.h"
float average(float array[10])
{
    int i;
    float aver,sum=array[0];
    for(i=1; __________;i++)
        sum+=__________;
    aver=sum/10;
    return(aver);
}
void main( )
{
    float score[10],aver;
    int i;
    printf("\n input 10 scores:");
    for(i=0;i<10;i++)
       scanf("%f",&score[i]);
    aver=___________;
printf("\n average score is %5.2f\n",aver);
}
```

3．下面程序的运行结果是__________。

```
#include "stdio.h"
sub(int n)
{
    int a;
    if(n==1) return 1;
    a=n+sub(n-1);
    return(a);
}
void main()
{
    int i=5;
    printf("%d\n",sub(i));
}
```

4．以下程序的运行结果是__________。

```
int x=1;
#include "stdio.h"
void main( )
```

```
{
    int  func(int x);
    func(x);
    printf("x=%d\n",x);
}
func(int x)
{
    x=3;
}
```

5．以下程序的运行结果是__________。

```
#include "stdio.h"
func( int  b[ ])
{
    int  j;
    for(j=0;j<4;j++)
        b[j]=2*j;
}
void main( )
{
    int a[ ]={5,6,7,8},i;
    func(a);
    for(i=0;i<4;i++)
        printf("%d  ",a[i]);
}
```

6．以下程序的运行结果是__________。

```
#include "stdio.h"
void main( )
{
    void inc1( );
    void inc2( );
    inc1( );inc1( );
    inc2( );inc2( );
}
void inc1( )
{
    int x=0;
    x++;
    printf("in  inc1 x=%d\n",x);
}
```

```
void  inc2( )
{
    static int x=0;
    x++;
    printf("in  inc2 x=%d\n",x);
}
```

7．以下程序的运行结果是__________。

```
#include "stdio.h"
long fib( int g)
{
    switch(g)
    {
        case 0: return 0;
        case 1: case 2: return 1;
    }
    return(fib(g-1)+fib(g-2));
}
void main( )
{
    printf("k=%ld\n", fib(7));
}
```

8．以下函数用以求 3 个数中的最大值，请把该函数补充完整。

```
max(int a,int b,int c)
{
    int max ;
    max=a;
    if(max<b)    max=b;
    if  ___________    max=c;
    return  ___________;
}
```

9．以下函数用以求 x 的 y 次方，请把该函数补充完整。

```
double fun(double x,int y)
{
    int i;
    double z=1.0;
    for(i=1;i ___________;i++) z= ___________;
    return  z;
}
```

10．以下程序的输出结果是__________。

```
#include "stdio.h"
double sub(double x,double y,double z)
{
    y-=1;z=z+x; return z;
}
void main( )
{
    double a=2.5,b=9.0;
    printf("%f\n",sub(b-a,a,a));
}
```

三、编程题

1．编写一函数，使输入的一个字符串按反序存放，并在主函数中输入和输出字符串。

2．输入一个只含有数字字符的字符串，编写一函数，要求输出这个字符串，但每两个数字字符之间空一个空格。例如，输入“123456”，应输出“1 2 3 4 5 6”。

3．编写函数，求出二维数组周边元素之和，并作为函数值返回。二维数组中的值在主函数中赋予。

例如，二维数组中的值为：

1	3	5	7	9
2	9	9	9	4
6	9	9	9	8
1	3	5	7	0

则函数值为 61。

4. 编写函数，计算并输出 n(包括 n)以内能被 5 或 9 整除的所有自然数之和。

5. 编写函数，计算 n 门课程的平均分，将计算结果作为函数值返回。

6. 编写函数，将字符串中所有下标为奇数位置上的字母转换为大写(若该位置上不是字母，则不转换)。

第8章　编译预处理

本章要点

- 无参宏定义;
- 有参宏定义;
- 文件包含。

学习方法建议

学习本章内容时，应重点掌握无参宏定义与有参宏定义的使用，掌握文件包含的意义，了解条件编译的作用。

8.1　引　　例

1．问题描述——计算圆的周长和面积

输入一个圆的半径，输出圆的周长和面积。

2．引例分析

假设圆的半径为实数，利用圆的周长和面积公式计算并输出结果。编写程序实现这些功能，可以通过函数实现，也可以使用预处理命令等多种方法实现。

3．程序代码

源程序：

```
#include "stdio.h"                        /*文件包含*/
#define PI   3.1415926                    /*无参宏定义*/
#define CIRCUM(r)   (2.0*PI*(r))          /*有参宏定义*/
#define AREA(r)   (PI*(r)*(r))            /*有参宏定义*/
void main()
{
    float radius,circum,area;
    printf("Input radius:");
    scanf("%f",&radius);                  /*输入圆的半径*/
```

```
    circum=CIRCUM(radius);                /*计算圆的周长*/
    area=AREA(radius);                    /*计算圆的面积*/
    printf("CIRCUM=%f,AREA=%f\n", circum , area);
}
```

运行结果：

```
Input radius:10.5
CIRCUM=65.973442,AREA=346.360584
```

4. 程序说明

从程序中可以看出#include "stdio.h"、#define PI 3.1415926、#define CIRCUM(r) (2.0*PI*(r))和#define AREA(r) (PI*(r)*(r))4 条命令都以符号“#”开始，都属于编译预处理命令。

C 语言提供的预处理命令主要包括如下 3 种：

(1) 宏定义。

(2) 文件包含。

(3) 条件编译。

8.2 宏　定　义

在 C 语言程序中，用一个标识符替换程序中的一个字符串的方法叫做宏替换。这样可以使程序更加简洁。被定义为宏的标识符称为宏名。在进行编译预处理时，对程序中所有出现的宏名，都用后面的字符串替换，替换是不检查语法的。宏定义由预处理程序自动完成，分为无参数的宏(简称无参宏)和有参数的宏(简称有参宏)两种。

8.2.1 无参宏定义

无参宏定义的一般格式如下：

```
#define    标识符    字符串
```

其中，“define”为宏定义命令；“标识符”为所定义的宏名；“字符串”可以是常数、表达式、格式串等。

注意：

- 宏定义不是 C 语句，所以不能在行尾加分号。否则，当宏展开时会将分号作为字符串的一个字符，用于替换宏名。
- 在宏展开时，预处理程序仅按宏定义简单替换宏名，而不做任何检查。如果有错误，则只能由编译程序在编译宏展开后的源程序时发现。
- 宏定义命令“#define”出现在函数的外部，宏名的有效范围是从定义命令之后到本文件结束。通常，宏定义命令放在文件开头处。
- 在进行宏定义时，可以引用已定义的宏名。
- 对双引号括起来的字符串内的字符，即使与宏名同名，也不进行宏展开。

【例 8.1】 从键盘输入不超过 100 个字符，并统计其中英文字母(不区分大小写)的个数，直到输入的字符为“*”或输入的字符个数超过 100 为止。

源程序：

```
#include "stdio.h"                    /*文件包含*/
#define  MAXnum 100                   /*键盘输入不超过 100 个字符*/
void main( )
{   int i,count=0;
    char c;
    for(i=0;i<MAXnum;i++)
    {    c=getchar( );
         if(c=='*')                   /*输入的字符为“*”时结束*/
              break;
         if(c >= 'a' && c <= 'z' || c>='A' && c<='Z')
              ++count;
    }
    printf("Count=%d",count);
}
```

运行结果：

```
AAaaBBbbCCccDDcc*
Count=16
```

8.2.2 有参宏定义

有参宏定义的一般格式如下：

#define 宏名(形参表) 字符串

调用格式：宏名(实参表)

有参宏展开：用宏调用提供的实参字符串直接置换宏定义命令行中相应形参字符串，非形参字符保持不变。

注意：

- 定义有参宏时，宏名与左圆括号之间不能留有空格。否则，C 编译系统将空格以后的所有字符均作为替代字符串，而将该宏视为无参宏。
- 有参宏的展开，只是将实参作为字符串简单地置换形参字符串，而不做任何语法检查。

【例 8.2】 分析下面程序的执行结果。

源程序：

```
#define  M(x,y)  (x*y)
#include<stdio.h>
void  main( )
{int a=2,b=3,c=4,d=5;
```

```
    int x=M(a+b,c+d);
    printf("%d",x);
}
```

运行结果：

```
19
```

宏替换过程如下：

程序中，“int x=M(a+b,c+d);”宏替换以后相当于“int x=(a+b*c+d);”，因此结果就变成 x = 2 + 3 * 4 + 5 = 19。

对于带参数的宏定义，还要注意字符串中括号的使用。比较下列宏定义在替换后的不同：

	其一	其二
宏定义：	#define MU(x,y) x*y	#define MU(x,y) (x)*(y)
宏调用：	6/MU(2+3,4+5)	6/MU(2+3,4+5)
结果：	6/2+3*4+5 即 3+3*4+5=20	6/(2+3)*(4+5)即 6/5*9

	其三	其四
宏定义：	#define MU(x,y) (x*y)	#define MU(x,y) ((x)*(y))
宏调用：	6/MU(2+3,4+5)	6/MU(2+3,4+5)
结果：	6/(2+3*4+5)即 6/19	6/((2+3)*(4+5))即 6/45

8.3 文件包含

文件包含是指将另外一个源文件的内容包含到当前文件中来。C 语言提供了文件包含命令#include 实现文件包含。

8.3.1 文件包含处理命令的格式

文件包含的一般形式如下：

```
#include <文件名>
```

或

```
#include "文件名"
```

<>和" "的区别为：使用尖括号表示在包含文件目录中查找所包含的文件，包含目录是由用户在设置环境或安装软件时设置的；使用双引号则表示首先在当前的源文件目录中查找，若没有找到才能到包含目录中查找。

若 fiel1.c 包含了 file2.c，包含以后，实际上 file1.c 如图 8-1 (c)所示。

如果文件 f1.c 包含文件 f2.h，文件 f2.h 又包含文件 f3.h，那么这种情况叫做包含嵌套。包含嵌套的处理方式有两种，如图 8-2 所示。

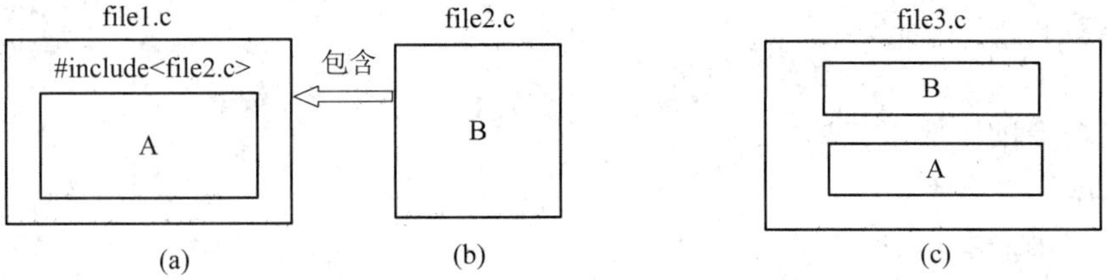

图 8-1

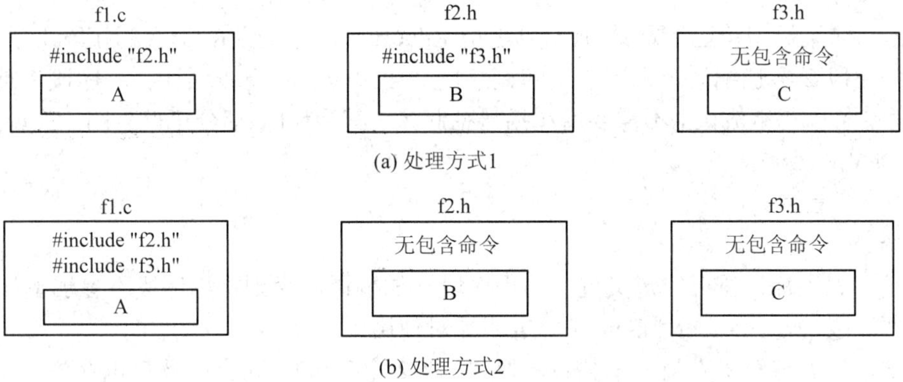

图 8-2　包含嵌套

8.3.2　文件包含的优点

一个大程序通常分为多个模块，并由多个程序员分别编程。有了文件包含处理功能，就可以将多个模块共用的数据(如符号常量和数据结构)或函数集中到一个单独的文件中。于是，凡是要使用其中数据或调用其中函数的程序员，只要使用文件包含处理功能，将所需文件包含进来即可，不必再重复定义它们，从而减少重复劳动。

注意：

- 编译预处理时，预处理程序将查找指定的被包含文件，并将其复制到#include 命令出现的位置上。
- 常用在文件头部的被包含文件称为头部文件，常以“h” (head)作为后缀，简称头文件。在头文件中，除可包含宏定义外，还可包含外部变量定义、结构类型定义等。
- 一条包含命令只能指定一个被包含文件。如果要包含 n 个文件，则要用 n 条包含命令。

8.4　条 件 编 译

C 语言的编译预处理程序还提供了条件编译能力，它使得同一个源程序在不同的编译条件下能够产生不同的目标代码文件。灵活地运用这一功能，将有助于程序的调试和移植。

8.4.1　#ifdef 命令

#ifdef 命令的一般形式如下：

```
#ifdef  标识符
    程序段 1
#else
    程序段 2
#endif
```

其作用是：如果标识符已经定义过(一般是指用#define 命令定义)，那么程序段 1 参加编译，否则，程序段 2 参加编译。程序段 1 和程序段 2 可以包含任意条语句。程序段 1 或程序段 2 即使由多条语句组成，也不需要用花括号括起来。其中#else 部分可以省略，其形式如下：

```
#ifdef  标识符
    程序段
#endif
```

其作用是：如果标识符已经定义过，则程序段参加编译，否则，程序段不参加编译。

需要注意的是，#ifdef 和#endif 一定要配对使用。

例如，有的计算机存放一个整数需要 16 位(2 个字节)，而有的计算机存放一个整数需要 32 位(4 个字节)，为了使所编写的程序具有通用性，在程序中可以使用如下的条件编译命令：

```
#ifdef    NEC_PC
#define   INT_SIZE   16
#else
#define   INT_SIZE   32
#endif
```

如果 NEC_PC 在前面定义过，即有如下命令：

```
#define   NEC_PC   1
```

或者有如下命令：

```
#define   NEC_PC
```

则将编译下面的命令：

```
#define   INT_SIZE   16
```

否则，将编译下面的命令：

```
#define   INT_SIZE   32
```

于是在源程序不必做任何修改的情况下，只要增加如下命令：

```
#define   NEC_PC
```

或删除该命令，就可以使该程序运行于不同的计算机系统。

8.4.2　#ifndef 命令

#ifndef 命令的用法与#ifdef 命令的用法类似，其一般形式如下：

```
#ifndef  标识符
    程序段 1
#else
    程序段 2
#endif
```

其作用是：当标识符没有定义时，编译程序段 1，否则，编译程序段 2。其中#else 部分可以省略，其形式如下：

```
#ifndef  标识符
    程序段
#endif
```

其作用是：当标识符没有定义时，程序段参加编译；否则，程序段不参加编译。

需要注意的是，#ifndef 和#endif 一定要配对使用。例如：

```
#ifndef  NEC_PC
#define  INT_SIZE  32
#else
#define  INT_SIZE  16
#endif
```

其功能是：当 NEC_PC 没有定义时，执行如下命令：

```
#define  INT_SIZE  32
```

参加编译(起作用)，否则，执行如下命令：

```
#define  INT_SIZE  16
```

参加编译(起作用)。

8.4.3　#if 命令

#if 预处理命令提供了按条件控制编译过程的方法。其一般形式如下：

```
#if   表达式
      程序段 1
#else
      程序段 2
#endif
```

其作用是：当表达式为“真”(值非 0)时，程序段 1 参加编译；否则，程序段 2 参加编译。其中#else 部分可以省略。

需要注意的是，#if 和#endif 一定要配对使用。例如：

```
#define FLAG 1
    ⋮
#if  FLAG
    x=1;
#else
```

```
    x=0;
#endif
```

它表示：如果 FLAG 为“真”(值非 0)，则编译以下语句：

```
x=1;
```

即将 1 赋给 x；如果 FLAG 为“假”(值为 0)，则编译以下语句：

```
x=0;
```

即将 0 赋给 x。

需要注意的是，#if 预处理命令中的表达式是在编译阶段求值的，因此，它必须是常量表达式或是利用#define 命令定义的标识符，而不能是变量。

8.4.4　#undef 命令

#undef 命令的一般形式如下所示：

```
#undef　标识符
```

其作用是：将已经定义的标识符变为未定义的。示例如下：

```
#undef　DEBUG
```

将已被定义的标识符 DEBUG 变为未定义的。于是，以下命令：

```
#ifdef　DEBUG
```

为“假”，而以下命令：

```
#ifndef　DEBUG
```

为“真”。

【例 8.3】　交换两个变量的值。

源程序：

```
#include"stdio.h"
#define SWAP(x,y) {int t;t=x;x=y; y=t;}
void main()
{
    int a,b,temp;
    printf("input a&b:");
    scanf("%d%d",&a,&b);
    printf("Before: a=%d b=%d",a,b);
    #ifdef   SWPA                /*如果 SWPA 被定义*/
        SWAP(a,b);               /*调用宏*/
    #else
        temp=a;a=b;b=temp;
    #endif
    printf("\nafter:   a=%d b=%d",a,b);
}
```

运行结果：

```
input a&b:8 5
Before: a=8 b=5
after:  a=5 b=8
```

【例 8.4】 从键盘输入 10 个整型数据，并根据所设置的编译条件，将其中的最大值或最小值显示出来。

源程序：

```
#include  "stdio.h"
#define  MFLAG  1
void main( )
{
    int i,M;
    int array[10];
    for(i=0;i<10;i++)
        scanf("%d",&array[i]);
    M=array[0];
    for(i=1;i<10;i++)
    {
        #if MFLAG
            if(M<array[i])
                M=array[i];
        #else
            if(M>array[i])
                M=array[i];
        #endif
    }
    if(MFLAG)
        printf("Max=%d",M);
    else
        printf("Min=%d",M);
}
```

运行结果：

```
12 56 76 89 234 5 789 9 87 9
Max=789
```

程序说明如下：

当定义 MFLAG 为 1 时，for 循环中的语句

```
if(M<array[i])
    M=array[i];
```

参加编译，此时求 10 个数中的最大值；当定义 MFLAG 为 0 时，for 循环中的语句

```
    if(M>array[i])
        M=array[i];
```

参加编译，此时求 10 个数中的最小值。

本 章 小 结

通过本章的学习，读者应掌握以下内容：

(1) 宏定义。包括无参数的宏定义和有参数的宏定义两种。

无参数的宏定义的宏名一般用大写字母表示，宏定义不是 C 语句，在宏展开时，预处理程序仅按宏定义简单替换宏名，而不做任何检查。

有参宏定义，宏名与左圆括号之间不能留有空格。有参宏的展开，只是将实参作为字符串简单地置换形参字符串，而不做任何语法检查。

(2) 文件包含。文件包含是指一个源文件可以将另一个源文件的全部内容包含进来。

(3) 条件编译。条件编译使得同一个源程序在不同的编译条件下能够产生不同的目标代码文件。

上 机 实 验

一、实验目的

(1) 掌握宏定义与宏展开的应用。

(2) 掌握文件包含的方法与应用。

二、实验内容

1．验证性实验

(1) 分析下面程序的输出结果，然后上机验证。

```
#include "stdio.h"
#define   MAX(a,b)   ((a) > (b) ? (a) : (b))
void main( )
{
    int x,y,z;
    scanf("%d%d",&x,&y);
    z=MAX(x,y);
    printf("Max=%d",z);
}
```

(2) 分析下面程序的输出结果，然后上机验证。

```
#define EXCH( a, b ) { int t; t=a ;a=b ; b=t ; }
#include   "stdio.h"
void main ( )
```

```
{    int x=5, y=9 ;
     EXCH (x , y);
     printf ("x=%d ,y=%d\n", x , y );
}
```

练　习　题

一、选择题

1．#define N 2

　#define Y(n) ((N+1) * n)

则执行语句“z=2 *(N+Y(5));”后的结果是(　　)。

A) 语句有错误　　B) z=34　　C) z=70　　D) z 无定值

2．在宏定义#define　PI　3.14159 中，用宏名 PI 代替一个(　　)。

A) 常量　　B) 单精度数　　C) 双精度数　　D) 字符串

3．C 语言的编译系统对宏命令的处理是(　　)。

A) 在程序运行时进行的

B) 在对源程序中其他语句正式编译之前进行的

C) 在程序连接时进行的

D) 和 C 程序中的其他语句同时进行编译的

4．下面程序的输出结果是(　　)。

```
#include   "stdio.h"
#define M(X,Y)   (X)*(Y)
#define N(X,Y)   (X)/(Y)
void main()
{    int a=5,b=6,c=8,k;
     k=N(M(a,b),c);
     printf("%d\n",k);
}
```

A) 3　　B) 5　　C) 6　　D) 8

5．下面程序的输出结果是(　　)。

```
#include   "stdio.h"
#define   N   5
#define   M   N+1
#define   f(x)   (x*M)
void main()
{    int   i1,i2;
          i1=f(2);
          i2=f(1+1);
```

```
        printf("%d %d\n",i1,i2);
    }
```

A) 12　12　　　B) 11　7　　　C) 11　11　　　D) 12　7

二、填空题

1．为使程序正确运行，请填出应包含的命令行。

```
__________
#include "stdio.h"
void main ( )
{    double   x = 2 , y = 3;
     printf("%f\n", pow(x,y));
}
```

2．下面程序的运行结果是__________。

```
#include "stdio.h"
#define DOUBLE(r) r*r
void main()
{    int x=1,y=2,t;
     t=DOUBLE(x+y);
     printf("%d\n",t);
}
```

3．下面程序的运行结果是__________。

```
#include "stdio.h"
#define MAX(a,b) (a>b?a:b)+1
void main()
{   int i=2,j=3;
    printf("%d\n",MAX(i,j));
}
```

4．下面程序的运行结果是__________。

```
#include "stdio.h"
#define ADD(x)   x+x
void main()
{    int m=1, n=2, k=3;
     int sum=ADD(m+n)*k;
     printf("sum=%d",sum);
}
```

三、编程题

1．输入两个整数，求它们相除的余数，用带参的宏实现。

2．定义一个带参的宏 swap(x,y)，以实现两个整数之间的交换，并利用它将一维数组 a 和 b 的值进行交换。

第 9 章　指　　针

本章要点

- 指针与指针变量的定义；
- 指针与数组的关系；
- 指针与字符串的关系；
- 指针与函数的关系；
- 指针的应用。

学习方法建议

本章内容是 C 语言中最难的部分，学习时应注意归纳，重点掌握指针、指针变量的定义，理解指针与数组、指针与字符串、指针与函数的关系，并在此基础上掌握指针的应用。

9.1　引　　例

1. 问题描述——寻找保险箱密码

某国安全局从恐怖分子手中夺取了一个保险箱，保险箱内存放了恐怖分子即将发动的袭击计划。于是，上级命令特工 008 在 3 天内找到保险箱的密码。008 凭着他的机智勇敢，费尽千辛万苦，终于打听到密码可能存放在某健身中心的自动寄存箱内的消息。可是等他到了健身中心，发现有上千个单元的格子，每个单元格都放有一个寄存箱，上面贴有一个名字，例如“太阳一号”“月亮二号”等，根本不知道密码在哪一个单元格中。正当他一筹莫展之时，卧底人员发来短消息：“速开 0217 单元的‘虎跑号’寄存箱，内详”。008 打开“虎跑号”寄存箱，发现里面留有一行小字：“在 1976 单元”。他疾步赶到 1976 单元，找到了“龙井号”寄存箱，打开箱子，终于得到了密码“911”，从而粉碎了一场大阴谋，顺利完成任务。

2. 引例分析

下面简单分析一下如何才能寻找到密码。密码的寻找分为以下几种情况：

(1) 密码存放在某个寄存箱内，如果知道这个寄存箱的名字，就能够找到密码。

(2) 如果不知道密码所在的寄存箱名字，但知道该寄存箱的地址也照样能够找到密码。

(3) 如果也不知道寄存箱的地址，但是有另外一个地方存放这个寄存箱的地址，就能顺藤摸瓜，间接找到密码。

3．程序代码

源程序：

```
#include "stdio.h"
void main()
{
    int key=911;            /*变量 key 存放密码*/
    int *addr;              /*变量 addr 存放地址*/
    addr=&key;              /*变量 key 的地址存放在变量 addr 中*/
    /*通过变量 key 输出密码值*/
    printf("The key is:%d\n",key);
    /*通过变量 key 的地址来输出密码值*/
    printf("If I know the address of the key,I also can get it:%d\n",*addr);
}
```

运行结果：

```
The key is:911
If I know the address of the key,I also can get it:911
```

4．程序说明

程序中定义变量名 key 存放密码，再定义一个指针变量 addr，用于存放变量 key 的地址。这样既可以通过变量名 key 直接得到密码值，也可以在不知道变量名的情况下，通过指针变量 addr 所存放的 key 的地址间接找到密码值。

9.2　指针变量的定义与应用

9.2.1　指针变量的定义

指针是 C 语言中的重要概念，也是 C 语言的精华。使用指针可以使程序更加简洁、紧凑、高效。

1．内存地址

计算机硬件系统的内存储器中拥有大量的存储单元，每个存储单元的容量为 1 字节。为了方便管理，人们为每一个存储单元都做了编号，这个编号就是存储单元的“地址”。每个存储单元都有一个唯一的地址，在地址所标识的存储单元中存放数据。

注意：

- 内存单元的地址与内存单元中的数据是两个完全不同的概念。

2．变量地址

假设有以下这样一个程序：

```
#include "stdio.h"
void main()
{
    int num;
    scanf("%d",&num);
    printf("num=%d\n", num);
}
```

当 C 编译程序编译到该变量定义语句时，将变量 num 记录到符号表中。符号表的关键属性有两个：一是“标识符名 id”，二是该标识符在内存空间中的“地址 addr”。变量标识符、内存地址和变量值的关系如图 9-1 所示。

为描述方便，假设系统分配给变量 num 的两字节存储单元为 3000H 和 3001H，则起始地址 3000H 就是变量 num 在内存中的地址。

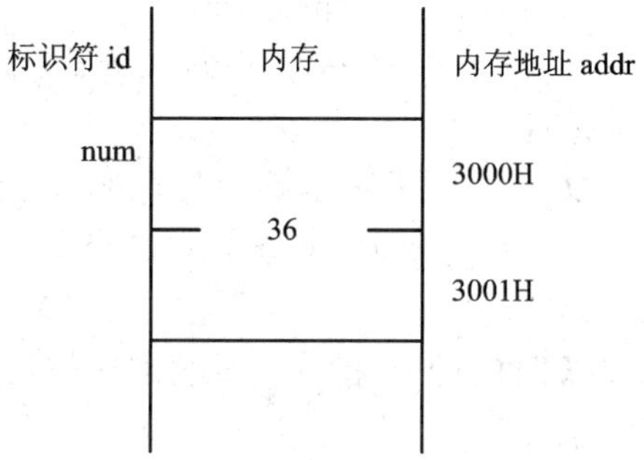

图 9-1　变量标识符、内存地址和变量值的关系

3. 指针与指针变量

指针即地址。一个变量的地址称为该变量的指针，通过变量的指针能够找到该变量。

指针变量用于存储其他变量地址的变量。指针与指针变量的区别就是变量值与变量的区别。

指针变量定义如下：

　　数据类型　　*指针变量 1[,　*指针变量 2…];

例如，“int num=3,*num_pointer=&num；”。

指针变量 num_pointer、变量 num 与存储在变量中的值之间的关系如图 9-2 所示。

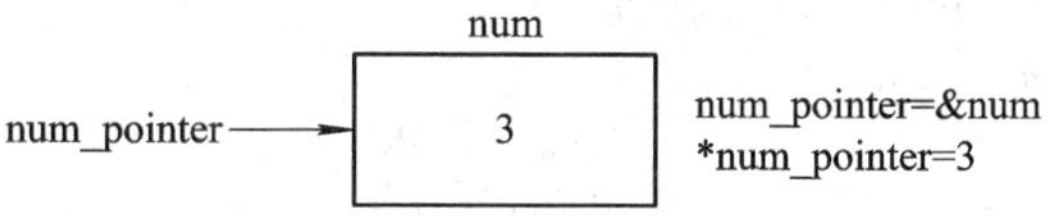

图 9-2　指针变量、变量与存储在变量中的值之间的关系

4. 指针运算符

1) 取地址运算符&

取地址运算符&是单目运算符，优先级为 2 级，结合性自右至左。它给出运算对象的地址，利用取地址运算符可以把一个变量的地址赋给指针变量。

取地址运算符&的格式如下：

　　&标识符

例如：

```
int a,*pa;    /*定义变量 a 和指针变量 pa，且 pa 指向的数据类型为整型*/
pa=&a;        /*把变量 a 的地址赋给指针变量 pa，指针变量 pa 就指向了变量 a*/
```

2) 间接访问运算符*

间接访问运算符*也是单目运算符，优先级为 2 级，结合性自右至左。当它作用于指针时，用来间接访问所指的对象，即用来访问指定地址的数据。

间接访问运算符*的格式如下：

*地址

例如：

```
int a=2,b,*p;
p=&a;      /*p 指向 a*/
b=*p;      /*把 p 所指向变量 a 的值赋给变量 b*/
```

注意：

- *号在不同的场合具有不同的作用。若出现在变量定义中，则*说明其后的变量为指针变量；若出现在非变量定义的语句中，则*运算符是间接访问指针变量所指向的对象。

【例 9.1】 指针变量的定义与相关运算示例。

源程序：

```
#include "stdio.h"
void main()
{
    int a=12,*pa;                /*定义一个指向 int 型数据的指针变量 pa*/
    float b=3.14,*pb;            /*定义一个指向 float 型数据的指针变量 pb*/
    char c='p',*pc;              /*定义一个指向 char 型数据的指针变量 pc*/
    pa=&a;                       /*取变量 a 的地址，赋值给 pa*/
    pb=&b;                       /*取变量 b 的地址，赋值给 pb*/
    pc=&c;                       /*取变量 c 的地址，赋值给 pc*/
    printf("a=%d,*pa=%d\n",a,*pa);
    printf("b=%4.2f,*pb=%4.2f\n",b,*pb);
    printf("c=%c,*pc=%c\n",c,*pc);
}
```

运行结果：

```
a=12, *pa=12
b=3.14, *pb=3.14
c=p, *pc=p
```

【例 9.2】 输入两个整数，按升序(从小到大排序)输出。

源程序：

```
#include "stdio.h"
void main()
{
    int num1,num2;
    int *p1=&num1, *p2=&num2, *p;
    printf("Input the first number: " ) ;
    scanf("%d",p1) ;        /*将输入的第一个数送入指针 p1 指向的内存空间*/
```

```
    printf("Input the second number: ");
    scanf("%d",p2) ;          /*将输入的第二个数送入指针 p2 指向的内存空间*/
    printf("num1=%d,num2=%d\n", num1,num2) ;
    if( *p1 > *p2 )           /*如果 num1>num2，则交换指针*/
    {   p= p1;
        p1=p2;
        p2=p;
    }
    printf("min=%d,max=%d\n", *p1,*p2) ;
}
```

运行结果：

```
Input the first number: 9
Input the second number: 18
num1=9,num2=18
min=9,max=18
```

9.2.2 指针变量作函数参数

当指针变量作函数的参数时，既可以作为函数的形参，也可以作函数的实参。它是以“值传递”的形式将函数的实参传递给形参的，即将指针变量的值(一个地址)传递给被调用函数的形参(必须是一个指针变量)。

【例 9.3】 使用函数调用方式改写例 9.2，要求实参为指针变量。

源程序：

```
#include "stdio.h"
/*exchange()功能：交换两个形参指针变量所指向的变量的值*/
void exchange(int *pointer1,int *pointer2)
{
    int temp;
    temp=*pointer1,*pointer1=*pointer2,*pointer2=temp;      /*交换变量*/
}
void main()
{   int num1,num2;
    int *p1=&num1,* p2=&num2;                  /*定义并初始化指针变量 p1 和 p2*/
    scanf("%d%d",p1,p2);
    printf("num1=%d,num2=%d\n", num1,num2);
    if( *p1 > *p2 )                            /*如果 num1>num2*/
      exchange(p1,p2);                         /*指针变量作实参，调用 exchange()函数*/
    printf("min=%d,max=%d\n", num1,num2);      /*输出排序后的 num1 和 num2 的值*/
}
```

运行结果：

```
9 18
num1=9,num2=18
min=9,max=18
```

注意：

- 形参指针变量 pointer1(指向变量 num1)和 pointer2(指向变量 num2)，在函数调用开始时才分配存储空间，函数调用结束后立即被释放。
- 被调用函数虽然不能改变实参指针变量的值，但可以改变它们所指向的变量的值。

【例 9.4】 输入 3 个整数，按降序输出。要求使用变量的指针作函数调用的实参来实现此过程。

源程序：

```
#include "stdio.h"
void exchange(int *pointer1, int *pointer2)
{     int temp;
      temp=*pointer1, *pointer1=*pointer2, *pointer2=temp;
}
void main()
{     int num1,num2,num3;
      scanf("%d%d%d",&num1,&num2,&num3);
      if( num1 < num2 )
           exchange( &num1, &num2 );                /*变量的地址作为实参*/
      if( num1 < num3 )
           exchange( &num1, &num3 );
      if( num2 < num3 )
           exchange( &num2, &num3 );
      printf("%d, %d, %d\n",num1,num2,num3);      /*输出排序后的结果*/
}
```

运行结果：

```
9 18 12
18, 12, 9
```

9.3　数组的指针和指向数组的指针变量

9.3.1　概念

C 语言规定数组名代表数组的首地址，所以数组名是一个常量指针，数组元素的地址可以通过数组名加偏移量来取得。若定义一个指针变量，使它指向一个数组，则该指针变量称为指向数组的指针变量。

例如：

```
int   array[10], *pointer=array;
```

或者

```
int   array[10], *pointer=&array[0];
```

或者

```
int   array[10], *pointer;
pointer＝array;
```

9.3.2 一维数组元素的引用

数组元素的引用，既可用下标法，也可用指针法。使用下标法较为直观。例如，array[0]、array[1]、array[2]、…。使用指针法能使目标程序占用内存少、运行速度快。例如，array+i、pointer+i 等。

如果有“int array[10],*pointer=array;”，则 pointer+i 和 array+i 都是数组元素 array[i]的地址，*(pointer+i)和*(array+i)就是数组元素 array[i]。指向数组的指针变量，也可将其看作是数组名，因而可按下标法来使用。例如，pointer[i]等价于*(pointer+i)。

注意：

➘ pointer+1 指向数组的下一个元素，而不是简单地使指针变量 pointer 的值+1。其实际变化为 pointer+1*size(size 为一个元素占用的字节数)。

【例 9.5】 使用指向数组的指针变量来引用数组元素。

源程序：

```
#include "stdio.h"
void main()
{
    int array[10],*pointer=array,i;          /*定义一维数组和指向数组的指针变量*/
    printf("Input 10 numbers: ");
    for(i=0; i<10; i++)
        scanf("%d", pointer+i);              /*使用指针变量来输入数组元素的值*/
    printf("array[10]: ");
    for(i=0; i<10; i++)
        printf("%d ", *(pointer+i));         /*使用指向数组指针变量输出数组*/
    printf("\n"); }
```

运行结果：

```
Input 10 numbers: 12 23 43 32 56 78 11 21 32 90
array[10]:  12 23 43 32 56 78 11 21 32 90
```

程序中的两个 for 语句等价于下面的程序段。

```
for(i=0; i<10; i++,pointer++)
    scanf("%d",pointer);
printf("array[10]: ");
pointer=array;              /*使 pointer 重新指向数组的第一个元素*/
```

```
for(i=0; i<10; i++,pointer++)
      printf("%d ",*pointer);
```

思考题：如果去掉“pointer=array;”，则程序运行结果会如何？请上机验证。

9.3.3　对指向数组的指针变量进行算术运算和关系运算

1. 算术运算

可以进行的算术运算，只有 px±n、px++/++px、px--/--px 和 px-py 这几种。

注意：

- px±n：将指针从当前位置向前(+n)或回退(-n)n 个数据单位，而不是 n 个字节。显然，px++/++px 和 px--/--px 是 px±n 的特例(n=1)。
- px-py：两指针之间的数据个数，而不是指针的地址之差。

2. 关系运算

关系运算有 px<py、px==py 和 px>py 这几种。

注意：

- 指针的关系运算表示两个指针所指地址之间位置的前后关系：前者为小，后者为大。例如，如果指针 px 所指地址在指针 py 所指地址之前，则 px<py 的值为 1。

9.3.4　数组作函数参数

数组名作形参时，接收实参数组的起始地址；作实参时，将数组的起始地址传递给形参数组。引入指向数组的指针变量后，数组及指向数组的指针变量作函数参数时，可有 4 种等价形式。

(1) 实参是数组名，形参是数组。

```
void main( )                         f(int x[ ],int n)
{                                    {
      int a[10];                           ⋮
      ⋮
      f(a,10)
      ⋮
}                                    }
```

(2) 实参是数组名，形参是指针变量。

```
void main( )                  f (int *x, int n)
{                             {
      int a[10];                    ⋮
      ⋮                       }
      f(a,10);
      ⋮
}
```

(3) 实参和形参都是指针变量。

```
void main( )                f (int *x, int n)
{                           {
    int a[10],*p;               ⋮
    p=a;                    }
    ⋮
    f (p,10);
    ⋮
}
```

(4) 实参是指针变量，形参是数组。

```
void main( )                f (int x[ ], int n)
{                           {
    int a[10],*p;               ⋮
    p=a;                    }
    ⋮
    f (p,10);
    ⋮
}
```

【例 9.6】 用选择法对 10 个整数按由大到小的顺序排序。

源程序：

```
#include "stdio.h"
sort(int x[ ], int n )                 /*形参为数组*/
{
  int i,j,k,t;
  for(i=0;i<n-1;i++)                   /*要选择的次数：0～(n−2)共 n−1 次*/
  {
     k=i;                              /*假设当前下标为 i 的数最大，比较后再调整*/
     for(j=i+1;j<n;j++)                /*循环找出最大数的下标是哪个*/
          if(x[j]>x[k])k=j;            /*如果后面的数比前面的大，则记下它的下标*/
     if(k!=i)                          /*如果 k 在循环中改变了，则需要交换数据*/
     {t=x[i];x[i]=x[k];x[k]=t;}
  }
}
void main()
{
  int *p,i,a[10];
  p=a;
  for(i=0;i<10;i++)
     scanf("%d",p++);
```

```
    p=a;
    sort(p,10);                    /*实参为指针变量*/
    for(p=a,i=0;i<10;i++)
        printf("%d   ",*p++);
}
```

运行结果：

```
12 34 56 7 89 32 45 65 981 100
981   100   89   65   56   45   34   32   12   7
```

9.3.5　二维数组的指针及其指针变量

定义一个二维数组，其形式如下：

int a[3][4]={{1,3,5,7},{9,11,13,15},{17,19,21,23}};

a 是二维数组数组名。将 a 数组看成由 3 个一维数组组成，3 个一维数组名分别为 a[0]、a[1]、a[2]，每一个一维数组又包含 4 个元素。例如，a[0]代表的一维数组又包含元素 a[0][0]、a[0][1]、a[0][2]、a[0][3]，如图 9-3 所示。

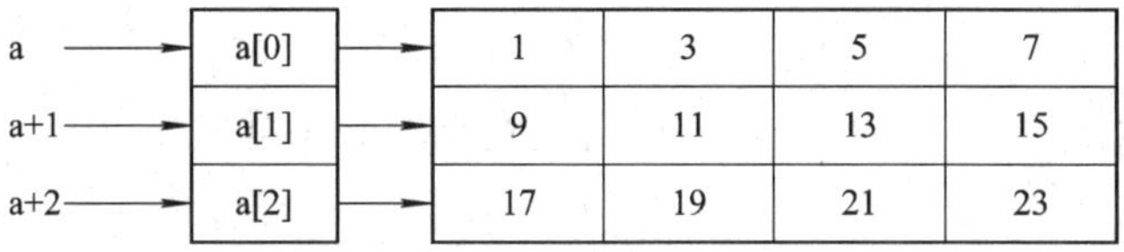

图 9-3　二维数组组成

二维数组在内存中是按行存放的，如图 9-4 所示。

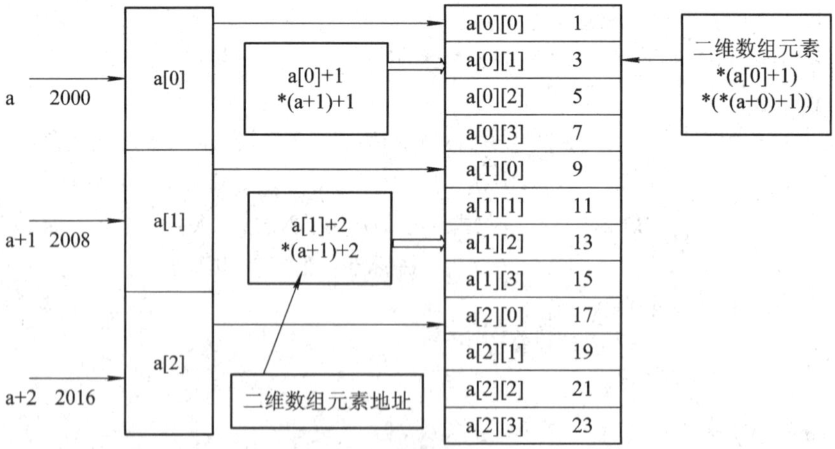

图 9-4　二维数组在内存中的存放

对于二维数组 int a[3][4]，分析如下：

(1)　a 表示二维数组的首地址，即第 0 行的首地址。

(2)　a+i 表示第 i 行的首地址。

(3) a[i]等价于*(a+i)，表示第 i 行第 0 列的元素地址。

(4) a[i]+j 等价于*(a+i)+j，表示第 i 行第 j 列的元素地址。

通常把指向行的地址(每行由若干元素组成)称为行指针，把指向数组元素的地址称为列指针。

如果用 a 作指针访问二维数组的元素，则可表示为如下格式：

*(a[i]+j) 等价于 *(*(a+i)+j) 等价于 a[i][j]

如果用指针 p 作为指向数组元素的指针，且有“int a[3][4],*p=a[0];”，则 p+1 指向下一个元素。用 p 作指针访问数组元素 a[i][j]的格式如下：

*(p+(i*总列数+j))

注意：

- 对于二维数组，a 代表数组的首地址，a[0]、a[1]、a[2]代表 3 个一维数组的数组名，即代表一维数组的首地址，不代表元素。因此，a[1]代表第 1 行第 0 列地址，即 a + 4 × 2 = 2000 + 8 = 2008。
- 因为 a[i]等价于*(a+i)，所以 a[1]+1 和*(a+1)+1 都表示 a[1][1]元素的地址。例如，*(a[1]+1)和*(*(a+1)+1)都表示 a[1][1]数组元素。
- 指向行和指向列的含义不同。例如，a+i、&a[i]、a[i]、*(a+i)、&a[i][0]的值相等，但含义不同。a+i 和&a[i]表示第 i 行首地址，指向行。a[i]、*(a+i)和&a[i][0]表示第 i 行第 0 列元素地址，指向列。数组 a 的性质如表 9-1 所示。

表 9-1 数组 a 的性质

表示形式	含义
a	二维数组名，指向一维数组 a[0]，即 0 行首地址
a[0]，*(a+0)，*a	第 0 行第 0 列元素地址
a+1，&a[1]	第 1 行首地址
a[1]+2，*(a+1)+2，&a[1][2]	第 1 行第 2 列元素 a[1][2]的地址
(a[1]+2)，(*(a+1)+2)，a[1][2]	第 1 行第 2 列元素 a[1][2]的值

行指针变量的定义格式如下：

数据类型 (*指针变量)[n];

注意：

- “*指针变量”外的括号不能缺，否则就成了指针数组，即数组的每个元素都是一个指针。

【例 9.7】 使用行指针和列指针两种方式输出二维数组任一元素。

(1) 使用行指针。

源程序：

```
#include "stdio.h"
void main()
{
    int array[3][4]={{1,2,3,4},{5,6,7,8},{9,10,11,12}};
```

```
    int row, col , (*pointer)[4];          /*定义行指针变量(*pointer)[4]*/
    pointer=array;                         /*使行指针变量指向数组的起始地址*/
    printf("Input row = ");
    scanf("%d", &row);
    printf("Input col = ");
    scanf("%d",&col);
    printf("array[%1d][%1d] = %d\n", row,col,*(*(pointer+row)+col));
}
```

运行结果：

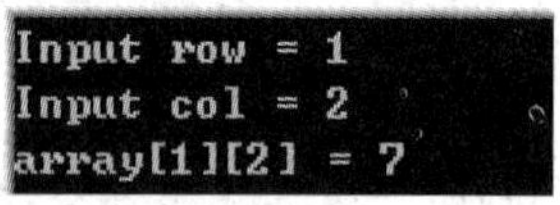

```
Input row = 1
Input col = 2
array[1][2] = 7
```

思考题：本题也可以直接使用数组名 array 作指针，程序应如何修改？

(2) 使用列指针。

源程序：

```
#include "stdio.h"
void main()
{
    int array[3][4]={{1,2,3,4},{5,6,7,8},{9,10,11,12}};
    int *pointer, row, col;          /*定义一个列指针变量 pointer*/
    pointer=array[0];                /*使列指针变量 pointer 为第 0 行第 0 列元素地址*/
    printf("Input row =");
    scanf("%d",&row);
    printf("Input col =");
    scanf("%d",&col);
    printf("array[%1d][%1d] =%d\n", row, col, *(pointer+(row*4+col)));
}
```

运行结果：

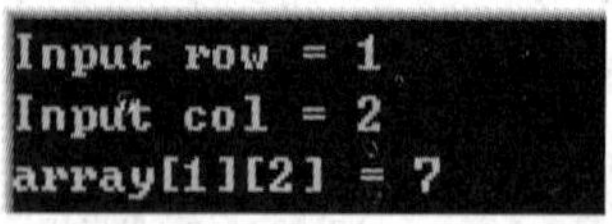

```
Input row = 1
Input col = 2
array[1][2] = 7
```

9.3.6　二维数组指针作函数参数

二维数组的指针作函数实参时，有列指针和行指针两种形式。相应地，用来接受实参数组指针的形参必须使用相应形式的指针变量，如下所示：

实参：	列指针	行指针
	↓	↓
形参：	(列)指针变量	(行)指针变量

9.4　字符串的指针和指向字符串的指针变量

把字符串在内存中的起始地址称为字符串的指针，可以定义一个字符指针变量指向一个字符串。在C语言中，既可以用字符数组表示字符串，也可用字符指针变量来表示。引用时，既可以逐个字符引用，也可以整体引用。

1. 字符串的表示与引用

1) 逐个引用

【例9.8】　使用字符指针变量表示和引用字符串。

源程序：

```
#include "stdio.h"
void main()
{
    char *string="I love Beijing.";        /*定义并初始化指向字符串的指针变量string*/
    for(; *string!= '\0'; string++)
        printf("%c", *string);
}
```

运行结果：

```
I love Beijing.
```

注意：

- 字符指针变量 string 中仅存储串常量的地址，而串常量的内容(即字符串本身)则存储在由系统自动开辟的内存块中，并在串尾添加一个结束标志 '\0'。
- 语句 char *string="I love Beijing."; 可分写成如下两条语句：

```
char *string;
string="I love Beijing." ;
```

2) 整体引用

【例9.9】　采取整体引用的方法，改写例9.8。

源程序：

```
#include "stdio.h"
void main()
{
    char *string="I love Beijing.";
    printf("%s\n",string);
}
```

运行结果：

```
I love Beijing.
```

注意：

- 语句“printf("%s\n",string);”是通过指向字符串的指针变量 string 整体引用它所指向的字符串的。
- 其原理是系统首先输出指针指向的第一个字符，然后使指针自动加 1，使之指向下一个字符；重复上述过程，直至遇到字符串结束标志。
- 其他类型的数组是不能用数组名来一次性输出它的全部元素的，只能逐个元素输出。

例如：

```
int array[10]={ ... };
⋮
printf("%d\n",array);           /*这种用法是非法的*/
```

2．字符串指针作函数参数

【例 9.10】　用函数调用方式实现字符串的复制。

源程序：

```
#include "stdio.h"
void string_copy(char *from, char *to)
{/*字符指针 from 接收源串，字符指针  to 存储目标串*/
    int i=0;
    for(;(*(to+i)=*(from+i))!= '\0';i++) ;       /*循环体为空语句*/
}
void main()
{
    char str1[20]= "I am a teacher.";
    char str2[20];
    string_copy(str1, str2);                 /*调用函数数组名作实参*/
    printf("str2: %s\n", str2);
}
```

运行结果：

```
str2: I am a teacher.
```

注意：

- “for(; (*(to+i)=*(from+i))!= '\0'; i++);”语句的执行过程为：首先将源串中的当前字符复制到目标串中；然后判断该字符(即赋值表达式的值)是否是结束标志。如果不是，则相对位置变量 i 的值增 1，以便复制下一个字符；如果是结束标志，则结束循环。
- 本例特点是：先复制、后判断，循环结束前，结束标志已经复制。

在 C 语言中，用赋值运算符而不是赋值语句来实现赋值操作，能给某些处理带来很大的灵活性，该语句(实现字符串的复制)的用法就是最好的例证。

9.5　返回指针值的函数

一个函数可以返回一个 int 型、float 型、char 型的数据，也可以返回一个指针类型的数据。返回指针值的函数(简称指针函数)的定义格式如下：

函数类型　*函数名([形参表])

【例 9.11】　从键盘输入 10 个数，调用函数求其中的最大值。

源程序：

```
#include <stdio.h>
int *max(int *q,int n)              /*max 为返回指针值的函数*/
{   int i, *m=q;                    /*假设最大数为 a[0]，m 为最大值的指针*/
    for(i=1;i<n;i++)
          if(*(q+i)>*m) m=q+i;      /*保留实际最大值的指针*/
    return m;                       /*返回最大值的指针值*/
}
void main()
{     int i,a[10],*p;
      for(i=0;i<10;i++)
          scanf("%d",&a[i]);
      p=max(a,10);
      printf("Max=%d\n",*p);
}
```

运行结果：

```
12 32 44 55 65 43 23 56 78 999
Max=999
```

9.6　指针数组与主函数 main()的形参

9.6.1　指针数组

数组的每个元素都是一个指针数据，把这样的数组称为指针数组。指针数组比较适合用于指向多个字符串，使字符串处理更加方便、灵活。

指针数组的定义格式如下：

数据类型　*数组名[元素个数]

注意：

- 指针数组和行指针变量在定义上的区别。

例如，指针数组的定义为“int　*a[5];”，行指针变量的定义为“int　(*p)[5];”。

【例 9.12】　有若干计算机图书，请按字母顺序从小到大输出书名。解题要求：使用函数完成排序，在主函数中进行输入/输出。

源程序：

```
/*sort()函数为排序函数，name 为字符指针数组，count 为元素个数*/
#include "stdio.h"
#include "string.h"
void   sort(char *name[], int count)
{
    char *temp_p;
    int i,j,min;                                 /*使用选择法排序*/
    for(i=0; i<count-1; i++)                     /*外循环：控制选择次数*/
    {   min=i;                                   /*预置本次最小串的位置*/
        for(j=i+1; j<count; j++)                 /*内循环：选出本次的最小串*/
        if(strcmp(name[min],name[j])>0)          /*存在更小的串*/
            min=j;                               /*保存*/
        if(min!=i)                               /*存在更小的串，交换位置*/
          temp_p=name[i],name[i]=name[min],name[min]=temp_p;
    }
}
void main()
{
    char *name[5]={ "BASIC","FORTRAN","PASCAL","C","FoxBASE"};
    int i=0;
    sort(name,5);                    /*使用字符指针数组名作实参，调用排序函数 sort()*/
    for(; i<5; i++)
          printf("%s\n",name[i]);    /*输出排序结果*/
}
```

运行结果：

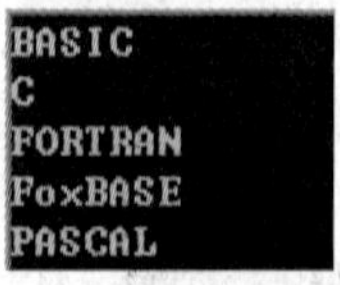

注意：

- 实参对形参的值传递是一一对应的。

```
        sort(   name ,        5   );
                  ↓           ↓
    void sort(char *name[ ], int count)
```

- 字符串的比较只能使用 strcmp()函数。形参字符指针数组 name 的每个元素都是一个指向字符串的指针，所以用 strcmp(name[min],name[j])。

9.6.2 主函数 main()的形参

在以往的程序中，主函数 main()都使用其无参形式。实际上，主函数 main()也是可以指定形参的。

主函数 main()的有参形式如下：

```
main(int argc，char *argv[])
  { … }
```

运行带形参的主函数，必须在操作系统状态下输入主函数所在的可执行文件名以及所需的实参，然后回车即可。

命令行的一般格式如下：

可执行文件名　实参 1[，实参 2…]

注意：

- 形参 argv 是一个字符指针数组，该数组元素个数为形参 argc 的值，每个元素值都是指向实参字符串的指针。
- 形参 argc 是命令行中参数的个数，就是形参数组元素的个数。

9.6.3 指向指针的指针变量

在例 9.12 的主函数 main()中，数组 name 是一个字符指针数组，即数组的每一个元素都是一个指向字符串的指针。既然 name 是一个数组，那么它的每一个元素也同样有相应的地址，因此可以设置一个指针变量 pointer，使其指向指针数组的元素(元素的值还是一个指针)，并称 pointer 为指向指针的指针变量。显然，指向指针的指针变量是一个二级的指针变量。

指向指针的指针变量的一般定义格式如下：

数据类型　**指针变量 1[, **指针变量 2…]；

例如，char　** p;。

【例 9.13】　定义二级指针。

源程序：

```
#include "stdio.h"
void main( )
{
    int x=100;
    int  *p1;
    int  **p2;            /*定义二级指针*/
    p1=&x;                /*将 x 的地址给 p1*/
    p2=&p1;               /*将 p1 的地址给 p2*/
    printf("%d,%d",*p1,**p2);
```

```
}
```

运行结果：

```
100,100
```

本程序中，*p1 等价于 x，**p2 等价于 x。x、p1 和 p2 关系示意图如图 9-5 所示。

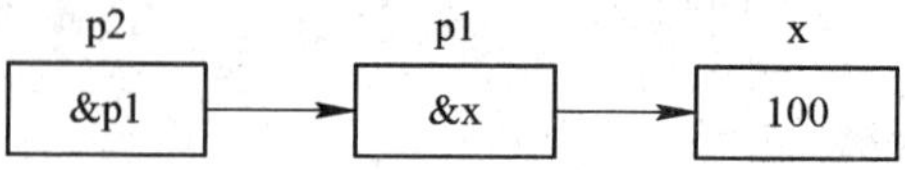

图 9-5　x、p1 和 p2 关系示意图

【例 9.14】　使用二级指针输出字符串。

源程序：

```
#include "stdio.h"
void main( )
{
    char *name[ ]={"China", "Beijing", "Great Wall", "World"};
    char   **p;
    int i;
    for(i=0;i<4;i++)
    {   p=name+i;
        printf("%s\n",*p);
    }
}
```

运行结果：

```
China
Beijing
Great Wall
World
```

p 是指向指针的指针变量，在第一次执行循环时，赋值语句“p=name+i;”使 p 指向 name 数组的 0 号元素 name[0]，*p 是 name[0]的值，即第一个字符串的起始地址，用 printf()函数输出第一个字符串(格式符为%s)，然后循环依次输出 4 个字符串。

9.7　函数的指针和指向函数的指针变量简介

9.7.1　指向函数的指针变量的定义

在 C 语言中，指针变量除能指向数据对象外，也可指向函数。一个函数在编译时被分配给一个入口地址，这个入口地址就称为函数的指针。函数的指针能赋给一个指向函数的指针变量，并能通过指向函数的指针变量调用它所指向的函数。

定义指向函数的指针变量的一般形式如下：

类型名　(*指针变量名)(参数类型 1，参数类型 2…)；

示例如下：

```
int   (*p)( );
```

该语句定义了一个指向函数的指针变量 p，它用于指向一个函数返回值为 int 型的函数。注意，*p 两侧的括号是必须有的，表示 p 先与*结合，是一个指针变量。然后与随后的( )结合，表示指针变量 p 所指向的对象是函数。如果写成“int *p( )”，因( )优先级高于“*”，就变成是说明一个函数 p( )，则该函数的返回值是指向 int 型的指针。

9.7.2　用指向函数的指针变量调用函数

指向函数的指针变量并不固定指向某个函数，在程序中把哪个函数的入口地址赋给它，它就指向哪个函数，并可根据需要向它赋不同的函数入口地址，使它指向不同的函数。定义了指向函数的指针变量，就可向它赋某函数的入口地址。C 语言约定，函数名本身就是函数的入口地址，这如同数组名是数组存储区域的起始地址一样，当一个指向函数的指针变量指向某个函数时，就可用它调用所指的函数。其调用的一般格式如下：

(*指针变量名)(实参表)

【例 9.15】　求 x，y 中的较小数。

源程序：

```
#include "stdio.h"
void main( )
{
    int min(int ,int);
    int (*p)(int ,int),x,y,z;
    printf("Enter x,y：");
    scanf("%d%d",&x,&y);
    p=min;
    z=(*p)(x,y);
    printf("Min=%d\n",z);
}
int min(int a,int b)
{
    return a<b?a:b;
}
```

运行结果：

```
Enter x,y: 5 10
Min=5
```

指针变量 p 是指向返回 int 型值的函数的指针变量，语句“p=min;”使 p 指向函数 min( )，因此函数调用(*p)(x,y)等价于 min(x,y)。因函数指针变量取函数的入口地址值，所以这类指针变量与整数加减等运算是没有意义的。

注意：

➘ 对函数指针变量赋值可直接使用函数名，不必使用函数参数。

本 章 小 结

通过本章的学习，读者应掌握以下内容：

(1) 指针。每个变量在内存中都有一个地址，也就是该变量在内存中所占的连续存储单元首字节的编号，这个变量的地址就称为指针。

(2) 指针变量。用来存放指针的变量称指针变量。

(3) 指针变量的定义。指针变量定义的格式为：

数据类型　*指针变量名 1，*指针变量名 2…；

这里的“*”是指针类型的标志，而数据类型名是该指针变量所指向的变量的类型。

(4) 指针与数组。引用数组元素可以用下标法，也可以用指针法，即通过指向数组元素的指针找到所需的元素。使用指针法能使目标程序质量高(占内存少，运行速度快)。数组名是一个常量指针，在程序中，不可以给数组名重新赋值。

(5) 指针与字符串。字符数组通常用来存放字符串，指针指向字符数组也就指向了字符串，因此通过指针可以引用它所指向的字符串。

(6) 指针与函数。指针可以作为函数的参数，使用指针作函数的形参时，实参要求使用地址值，实现变量地址的传递。函数也可以返回指针类型的值，返回指针值的函数的定义格式如下：

函数类型　*函数名([形参表])

(7) 指针数组。数组的每个元素都是一个指针数据，指针数组比较适合用于指向多个字符串，使字符串处理更加方便、灵活。

(8) 指向指针的指针变量。指向指针的指针变量是一个二级的指针变量。一般定义格式如下：

数据类型　**指针变量 1[, **指针变量 2…]；

上 机 实 验

一、实验目的

(1) 掌握指针、指针变量的定义。

(2) 掌握指针与数组、指针与字符串的关系。

二、实验内容

1．验证性实验

(1) 分析并运行下面程序，求一维数组最大元素的下标，并存放在 k 中输出。

```
#include <stdio.h>
void main()
```

```
{    int a[10] = { 1, 9, 78, 45, 12, 23, 4, 87, 36, 3 }, i, max, k;
     max = a[0];k=0;
     for (i = 1; i<10; i++)
          if (max<*(a+i))
          {    max = *(a+i);
               k = i; }
     printf("在数组中最大的元素下标是%d \n", k);}
```

(2) 阅读下面的程序，并上机运行该程序。

```
#include <stdio.h>
void main( )
{
     int a[]={0,1,2,3,4,5,6,7,8,9},s=0,i,*p;
     p=&a[0];
     for(i=0;i<10;i+=2)
          s+=*(p+i);
     printf("s=%d",s);
}
```

2．设计性实验

(1) 将函数 fun 补充完整。函数的功能是：将 a、b 中的两个两位正整数合并形成一个新的整数放在 c 中。合并的方式是：将 a 中的十位和个位数依次放在变量 c 的千位和十位上，b 中的十位和个位数依次放在变量 c 的个位和百位上。例如，当 a=45，b=12，调用该函数后 c=4251。

```
#include <stdio.h>
void fun(int a, int b, long *c)
{


}
void main()
{
     int  a,b;
     long  c;
     scanf("%d%d", &a, &b);
     fun(a, b, &c);
     printf("The result is: %d\n", c);
}
```

(2) 编写函数，判断形参所指的字符串是否为回文。若是，则函数返回值为 1；若不是，则函数返回值为 0。请将程序补充完整。

```
#include  <stdio.h>
#include  <string.h>
```

```
int fun(char *s)
{   char *lp,*rp;
    lp= __________ ;
    rp=s+strlen(s)-1;
    while((*lp==*rp) && (lp<rp)) {
      lp++; rp ________;}
    if(lp<rp) return ________;
    else return 1;
}
void main()
{   char s[81];
    scanf("%s",s);
    if(fun(s))
         printf("is a Palindrome.\n");
    else
        printf("isn't a Palindrome.");
}
```

(3) 编写函数，求出 ss 所指字符串指定字符的个数，并返回此值。例如，若输入字符串 123412132，输入字符为 1，则输出为 3。

```
#include <stdio.h>
#include <string.h>
#define   M 81
int fun(char *ss, char c)
{



}
void main()
{     char   a[M], ch;
      gets(a);
      ch = getchar();
      printf("The number of the char is: %d\n", fun(a, ch));
}
```

练　习　题

一、选择题

1．main 函数的正确说明是(　　)。

A) main(int argc, char *argv[ ])　　B) main(int abc, char **abv)

C) main(int argc, char argv)　　D) main(int c, char v[ ])

2. 语句“int (*ptr)();”的含义是(　　)。

A) ptr 是指向一维数组的指针变量

B) ptr 是指向 int 型数据的指针变量

C) ptr 是指向函数的指针，该函数返回一个指向 int 型数据的指针

D) ptr 是一个函数名，该函数的返回值是指向 int 型数据的指针

3. 对函数 max(a,b)，已有函数指针变量 p 指向它，调用该函数的正确方法是(　　)。

A) p=max;　　B) *p=max;　　C) p=max(a,b);　　D) *p=max(a,b);

4. 若有定义“int i,x[3][4];”，则不能将 x[1][1]的值赋给变量 i 的语句是(　　)。

A) i=x[1][1]　　B) i=*(*(x+1))　　C) i=*(*(x+1)+1)　　D) i=*(x[1]+1)

5. 若有定义语句“int s[4][6],(*p)[6];”，则以下正确的赋值语句是(　　)。

A) p=t　　B) p=s　　C) p=s[2]　　D) p=t[3]

6. 已有定义“int k=2; int *p1,*p2;”，且 p1 和 p2 均已指向变量 k，下面不能正确执行的赋值语句是(　　)。

A) k=*p1+*p2;　　B) p2=k;　　C) p1=p2;　　D) k=*p1*(*p2);

7. 若有定义“int c[5],*p=c;”，则以下对 c 数组元素地址的正确引用是(　　)。

A) p+5　　B) c++　　C) &c+1　　D) &c[0]

8. 若有定义“int x[5],*p=x;”，则不能代表 x 数组首地址的是(　　)。

A) x　　B) &x[0]　　C) &x　　D) p

9. 若有定义“int i, j, *p=&i ;”，则与 i = j 等价的语句是(　　)。

A) i=*p;　　B) *p= *&j　　C) i=&j;　　D) i=**p;

10. 若有定义“int (*p)[3];”，则以下叙述正确的是(　　)。

A) p 是一个指针数组名

B) p 是一个指针，它指向一个一维数组中的任意元素

C) (*p)[3]等价于(*p)

D) p 是一个指针，指向一个含有 3 个整型元素的一维数组

11. 当调用函数时，实参是一个数组名，则向函数传递的是(　　)。

A) 数组的长度　　B) 数组的首地址

C) 数组每一个元素的地址　　D) 数组每一个元素的值

12. 若有说明语句“int a,b,c,*d=&c;”，则能正确从键盘读入 3 个整数分别给变量 a、b、c 的语句是(　　)。

A) scanf("%d%d%d",&a,&b,d);　　B) scanf("%d%d%d",&a,&b,&d);

C) scanf("%d%d%d", a, b,d);　　D) scnaf("%d%d%d",a,b,*d);

13. 以下程序的输出结果是(　　)。

```
# include "stdio.h"
void fa(char *c, int d)
{
    *c=*c+1;
```

```
    d=d+1;
    printf("%c,%c,",*c,d);
}
void main( )
{
    char a='A',b='a';
    fa(&b,a);
    printf("%c,%c\n",a,b);
}
```

A) B,a,B,a　　B) a,B,A,b　　C) A,b,A,b　　D) b,B,A,b

14．设有“int a[10]={0,1,2,3,4,5,6,7,8,9}, *p=a;”语句，则以下(　　)不是对数组元素的正确引用。(其中 0≤i＜10)

A) a[p-a]　　B) *(&a[i])　　C) p[i]　　D) *(*(a+i))

15．设有如下程序段：

```
char str[ ]="Hello";
char *p;
p=str;
```

执行上面程序段后，*(p+5)的值为(　　)。

A) 'o'　　B) '\0'　　C) 不确定的值　　D) 'o' 的地址

16．已知“char **s;”，正确的语句是(　　)。

A) s="computer";　　B) *s="computer";

C) **s="computer";　　D) *s='A';

17．以下程序的输出结果是(　　)。

```
#include "stdio.h"
void sub(int x, int y, int *z)
{
    *z=y-x;
}
void main( )
{
    int a,b,c;
    sub(10,5,&a);
    sub(7,a,&b);
    sub(a,b,&c);
    printf("%d,%d,%d\n",a,b,c);
}
```

A) 5, 2, 3　　B) −5, −12, −7　　C) −5, −12, −17　　D) 5, −2, −7

18．以下程序的运行结果是(　　)。

```
# include "stdio.h"
```

```
void main( )
{
    int **k, *a, b=100;
    a=&b;
    k=&a;
    printf("%d\n",**k);
}
```

A）运行出错　　B）100　　C）a 的地址　　D）b 的地址

二、填空题

1．下面程序的运行结果是__________。

```
#include "stdio.h"
void main( )
{
    int x[8]={8,7,6,5,0,0},*s;
    s=x+3;
    printf("%d\n",*s);
}
```

2．下面程序的运行结果是__________。

```
#include <stdio.h>
void main()
{
    int a[2][3]={2,4,6,8,10,12};
    int (*p)[3],i=0,j=2;
    p=a;
    printf("a[%d][%d]=%d\n",i,j,*(*(p+i)+j));
}
```

3．下面程序的运行结果是__________。

```
#include <stdio.h>
void main(    )
{
    int   a[5]={1,3,5,7,9};
    int   *p;
    p=a;
    printf("%d, " ,*p);
    printf("%d\n",++ *p);
}
```

4．已知“int b[ ]={1,2,3,4},y,*p=b;”，则执行语句“y=*p++;”后，y 变量的值为_______。

5．以下程序的输出结果是__________。

```
#include <stdio.h>
void main( )
{
        static char a[ ]="language", b[ ]="program";
        char *pt1=a, *pt2=b;
        int k;
        for(k=0;k<7;k++)
            if( *( pt1+k)==*(pt2+k) )
             printf("%c", *(pt1+k));
}
```

6．以下程序的输出结果是__________。

```
#include <stdio.h>
void main( )
{
      static int x[ ]={1,2,3};
      int s,i,*p;
      s=1; p=x;
      for(i=0;i<3;i++)
          s*=*(p+i);
      printf("%d\n",s);
}
```

7．当运行以下程序时，从键盘输入 Happy!↙(↙表示回车)，则下面程序的运行结果是__________。

```
# include "stdio.h"
stre(char str[])
{
      int num=0;
      while(*(str+num)!='\0')
      num++;
      return(num);
}
void main( )
{
      char str[10] , *p=str;
      gets(p);
      printf("%d\n",stre(p));
}
```

8．下面程序的运行结果是__________。

```
#include <stdio.h>
```

```
void main()
{
    int x[3][3],i,j;
    for(i=0;i<3;i++)
        for (j=0;j<3;j++)
            x[i][j]=i-j;
    for (j=0;j<3;j++)
    {     for (i=0;i<3;i++)
              printf (" %4d",*(*(x+j)+i));
          printf("\n");
    }
}
```

三、编程题

1．写一函数，要求对输入的 10 个数据按由小到大排序(用指针实现)。

2．输入一串字符，分别统计其中的大写字母、小写字母、数字字符的个数及整个字符串中字符总数(用指针实现)。

3．用指针指向字符串“C Language Program”，先求字符串长度，然后逐个输出其中的字符。

4．用指向指针的方法对 6 个字符串排序输出。要求将排序单独编写成一个函数。数据在主函数中输入，最后在主函数中输出排序结果。

5．编写函数，要求对传送过来的 3 个数选出其中的最大数和最小数(用指针实现)。

第 10 章　结构体与链表

本章要点

- 结构体类型与结构体变量的定义；
- 结构体变量的引用与初始化；
- 结构体数组；
- 链表处理；
- 共用体类型和枚举类型。

学习方法建议

结合第 2 章的数据类型，了解属于构造类型的结构体类型、共用体类型、枚举类型，比较它们的相同点和区别。通过例题掌握这些数据类型的定义和使用，并在此基础上掌握链表的应用。本章的难点是链表的应用。

10.1　引　　例

1．问题描述——构建手机通讯录

众所周知，手机中有一个简单的通讯录工具，用于管理联系人的基本信息，其基本功能包括对联系人信息的新建、修改、删除和查询等。

2．引例分析

要想构建手机通讯录，应创建联系人的基本信息，而联系人的基本信息应该包括姓名、年龄和联系电话等。假设通讯录最多容纳 50 名联系人的信息，建立一个数组 friends，数组的大小为 50，每一个数组元素都应存放姓名、年龄和联系电话等信息。

3．程序代码

源程序：

```
/*手机通讯录*/
#include<stdio.h>
#include<string.h>
struct friend_list          /*手机通讯录结构体定义*/
```

```
{
    char name[10];                  /*姓名*/
    int age ;                       /*年龄*/
    char telephone[13];             /*联系电话*/
};
void main()
{
    int choice;
    char name[10];
    struct friend_list friends[50];     /*包含 50 个人的通讯录*/
    do{
        printf("手机通讯录功能选项：1：新建 2：修改 3：删除 4：查询 0：退出\n");
        printf( "请选择功能:");
        scanf( "%d",&choice) ;
        switch(choice)
        {
        case 1:
            printf("新建联系人姓名:");
            ;                               /*new_friend(friends);*/
            break;
        case 2:
            printf("请输入要修改的联系人姓名:");
            scanf("%s",name);
            ;                               /*modify_friend(friends,name);*/
            break;
        case 3:
            printf("请输入要删除的联系人姓名:");
            scanf("%s",name);
            ;                               /*delete_friend(friends,name);*/
            break;
        case 4:
            printf("请输入要查询的联系人姓名:");
            scanf("%s",name);
            ;                               /*search_friend(friends,name);*/
            break;
        case 0:break;
        }
    }while(choice!=0);
printf("谢谢使用通讯录功能！ \n");
```

```
}
```

4. 程序说明

本程序中联系人包括姓名、年龄和联系电话等基本数据信息，这些数据信息的类型是不一样的，但都和联系人有关联。要想把不同类型的数据组合成一个有机的整体，就需要构造一个结构体类型。

10.2 结构体类型及其变量

10.2.1 结构体类型与结构体变量的定义

为将不同的数据类型但相互关联的一组数据组合成一个有机整体使用，C 语言提供了一种称为“结构体”的数据类型。

1. 结构体类型定义

结构体类型的定义格式如下：

```
struct   结构体类型名                /*struct 是结构体类型关键字*/
{    数据类型   数据项 1;
     数据类型   数据项 2;
       ⋮          ⋮
     数据类型   数据项 n ;
};                                   /*此行分号不能少*/
```

其中，struct 是定义结构体类型的关键字。结构体类型名的命名规则与变量名相同。成员的数据类型仍然可以是基本数据类型。

【例 10.1】 定义一个反映学生基本情况的结构体类型，用以存储学生的相关信息。

源程序：

```
struct   date            /*日期结构体类型：由年、月、日共 3 项组成*/
{  int year;
   int month;
   int day;
};
struct   std_info        /*学生信息结构体类型：由学号、姓名、性别和生日共 4 项组成*/
{    char   no[7];
     char   name[9];
     char   sex[3];
     struct date birthday;
};
```

注意：

- 结构体类型中的数据项称为成员(或分量)。

- 数据类型相同的数据项，既可逐个、逐行分别定义，也可合并成一行定义。
- 结构体类型中的数据项，既可以是基本数据类型，也允许是另一个已经定义的结构体类型。

学生信息示意图如图 10-1 所示，结构体类型 std_info 中，其数据项 birthday 就是一个已经定义的日期结构体类型 date。本例代码中的日期结构体类型也可改为如下形式：

```
struct   date
{    int   year, month, day;
};
```

no[7]	name[9]	sex[3]	birthday		
			year	month	day

图 10-1　学生信息示意图

2. 结构体类型变量定义

用户自己定义的结构体类型与系统定义的标准类型(int、char 等)一样，可用来定义结构体类型的变量。定义结构体类型变量的方法如下：

(1) 间接定义法：先定义结构体类型、再定义结构体变量。

其一般格式如下：

```
struct   结构体类型名                    /*定义结构体类型*/
{ ...
};
struct   结构体类型名  结构体变量表;       /*定义结构体类型变量*/
```

例如，利用例 10.1 中定义的学生信息结构体类型 std_info，定义 3 个相应的结构体变量 student1、student2、student3，应采用以下形式：

```
struct   std_info      /*学生信息结构体类型：由学号、姓名、性别和生日共 4 项组成*/
{    char   no[7];
     char   name[9];
     char   sex[3];
     struct date birthday;
};
struct   std_info   student1, student2, student3;     /*std_info 为结构体类型名*/
```

结构体变量 student1、student2、student3 拥有结构体类型的全部成员，其中 birthday 成员是一个日期结构体类型，它又由 3 个成员构成。

注意：

- 使用间接定义法定义结构体变量时，必须同时指定结构体类型名。

(2) 直接定义法：在定义结构体类型的同时定义结构体变量。

其一般格式如下：

```
struct   结构体类型名
{ ...
} 结构体变量表;
```

例如，结构体变量 student1、student2、student3 的定义可以改为如下形式：

```
struct   std_info
{...
} student1, student2, student3;
```

注意：

- 结构体类型名可以缺省。
- 结构体变量表中的结构体变量彼此之间用逗号分隔。
- 结构体类型与结构体变量是两个不同的概念，其区别如同 int 类型与 int 型变量的区别一样。
- 结构体类型中的成员名可以与程序中的变量同名，它们代表不同的对象，互不干扰。

(3) 一次性定义：先定义无名结构体类型，紧接着定义结构体类型变量。

其一般格式如下：

```
struct
{ …
} 结构体变量表;
```

例如：

```
struct
{…
}student1, student2, student3;     /*定义结构体类型变量 student1, student2, student3*/
```

10.2.2　结构体变量的引用与初始化

1. 结构体变量的引用规则

对于结构体变量，要通过成员运算符“.”逐个引用其成员。结构体变量的引用格式如下：

结构体变量.成员

其中的“.”是成员运算符。如果某成员本身又是一个结构体类型，则只能通过多级的分量运算对最低一级的成员进行引用。此时的引用格式可扩展为如下形式：

结构体变量.成员.子成员.….最低一级子成员

【例 10.2】　利用例 10.1 中定义的结构体类型 struct　std_info 来定义一个结构体变量 student，用于存储和显示一个学生的基本情况。

源程序：

```
#include"stdio.h"
/*定义并初始化一个外部结构体变量 student*/
struct   std_info   student={"000102","张三","男",{1980,9,20}};
void main()
{
    printf("No: %s\n",student.no);                /*引用结构体变量 student 中的 no 成员项*/
```

```
    printf("Name: %s\n",student.name);          /*引用结构体变量 student 中的 name 成员项*/
    printf("Sex: %s\n",student.sex);            /*引用结构体变量 student 中的 sex 成员项*/
    printf("Birthday: ");
    printf("%d-", student.birthday.year);       /*引用 student 中 birthday 的 year 成员项*/
    printf("%d-",student.birthday.month);       /*引用 student 中 birthday 的 month 成员项*/
    printf("%d\n", student.birthday.day);       /*引用 student 中 birthday 的 day 成员项*/
}
```

运行结果：

注意：

- 对最低一级成员，可像同类型的普通变量一样进行相应的各种运算。
- 引用时，既可引用结构体变量成员的地址，也可引用结构体变量的地址。

例如，&student.name 和&student，前者为成员项的地址，后者为结构体变量的地址。

2. 结构体变量的初始化

与一维数组的初始化类似，结构体变量初始化的一般格式如下：

　　结构体变量={初值表};

示例如下:

```
struct   student
{    int    num;
     char   name[20];
     float score;
}    st={1001,"gxl",98};
```

注意：

- 如果某成员本身又是结构体类型，则该成员的初值也必须为一个初值表。
- 初值的数据类型应与结构体变量中相应成员所要求的一致，否则会出错。

10.3　结构体数组

如果数组的每一个元素都是结构体类型数据，均包含结构体类型的所有成员，则这样的数组称为结构体数组。与普通数组一样，结构体数组也可在定义时进行初始化。

结构体数组初始化的格式如下：

　　结构体数组[n]={{初值表 1},{初值表 2},…,{初值表 n}};

【例 10.3】　首先定义结构体类型 struct student，然后定义一个结构体数组 st[3]，用于存储和显示 3 个学生的基本情况。

源程序：

```
#include"stdio.h"
```

```
void main()
{
    struct  student
    {   int  num;
        char  name[20];
        float score;
    }   st[3]={{ 1102,"张三",89},{1105,"李四",89},{1112 ,"王五",98}};
    int i;
    for(i=0; i<3; i++)
    {   printf("%6d",st[i].num);
        printf("%s ",st[i].name);
        printf("%.0f\n",st[i].score);
    }
}
```

运行结果：

```
  1102张三 89
  1105李四 89
  1112王五 98
```

【例 10.4】　计算学生的某科平均成绩和不及格学生的人数。

源程序：

```
#include "stdio.h"
struct stu
{
    int num;
    char *name;
    char sex;
    float score;
}boy[5]={{101,"Li ping",'M',45},{102,"Zhang ping",'M',62.5},
        {103,"He fang",'F',92.5},{104,"Cheng ling",'F',87},
        {105,"Wang ming",'M',58}};
void main( )
{
    int i, count=0;
    float average,sum=0;
    for(i=0;i<5;i++)
    {
        sum+=boy[i].score;
        if(boy[i].score<60) count+=1;
    }
    printf("sum=%f\n",sum);
```

```
        average =sum/5;
        printf("average=%f \ncount=%d \n", average, count);
    }
```

运行结果：

```
sum=345.000000
average=69.000000
count=2
```

本程序定义了一个外部结构体数组 boy，共 5 个元素，并进行了初始化赋值。在 main() 函数中用 for 语句逐个累加各元素的 score 成员值并存于 sum 之中，如 score 的值小于 60(不及格)则计数器 count 加 1，循环完毕后计算平均成绩，并输出总分、平均分及不及格人数。

10.4　指向结构体类型数据的指针

10.4.1　指向结构体变量的指针

结构体变量在内存中的起始地址称为结构体变量的指针。通过指向结构体变量的指针来访问结构体变量的成员，与直接使用结构体变量的效果一样。一般来说，如果指针变量 pointer 已指向结构体变量，则用指针变量 pointer 引用结构体变量中的成员项可用以下形式：

pointer ->成员

或

(*pointer).成员

注意：

- "(*pointer).成员"中的圆括号不能省。
- pointer 必须是指向结构体变量(或结构体数组)的指针变量，否则会出错。

一般来说，以下 3 种形式是等价的：

结构体变量.成员

pointer ->成员

(*pointer).成员

【例 10.5】　使用指向结构体变量的指针访问结构体变量的各个成员。

源程序：

```
#include"stdio.h"
void main()
{
    struct  student
    {   int  num;
        char  name[20];
        float score;
    }   st={1102,"张三",89},*p=&st;
```

```
        printf("%6d",p->num);
        printf("%s ", p->name);
        printf("%.0f\n", p->score);
    }
```

运行结果：

```
1102张三 89
```

10.4.2　指向结构体数组的指针

如果指针变量 p 已指向某结构体数组，则 p+1 指向结构体数组的下一个元素，而不是当前元素的下一个成员。

【例 10.6】　使用指向结构体数组的指针访问结构体数组。

源程序：

```
#include"stdio.h"
void main()
{
    struct   student
    {    int   num;
         char   name[20];
         float score;
    }    st[3]={{1102,"张三",89},{1105,"李四",89},{1112,"王五",98}},*p=st;
    int i;
    for(i=0; i<3; i++,p++)
    {    printf("%6d",p->num);
         printf("%s ", p->name);
         printf("%.0f\n", p->score);
    }
}
```

运行结果：

```
1102张三 89
1105李四 89
1112王五 98
```

10.5　链 表 处 理

10.5.1　链表结构

1．链表的概念

链表作为一种常用的、能够实现动态存储分配的数据结构，在《数据结构》课程中有详细介绍。本节内容从应用角度对单链表做简单介绍。

链表是用指针把各个结点链接在一起而形成的，其一般结构如图 10-2 所示。

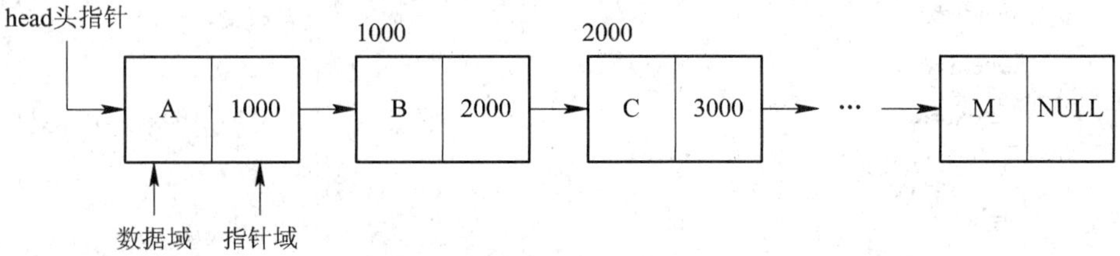

图 10-2　单链表结构

由图 10-2 可以知道：

(1) 头指针变量 head 指向链表的首结点。

(2) 其他每个结点由两个域组成。

① 数据域：存储结点本身的数据信息。

② 指针域：指向后继结点的指针，存放后继结点的地址。

(3) 尾结点的指针域置为“NULL(空)”，作为链表结束的标志。

链表中各元素在内存中可以不连续存放。因此要访问链表中一个元素，必须要知道其上一个元素，由上一个元素提供的该元素的地址，才能访问这个元素，所以若不知道一个链表的头结点(头指针 head)的地址，就无法访问整个链表。

【例 10.7】　建立一个简单的链表，如图 10-3 所示，它由 3 个存放学生数据(包括学号和成绩)的结点组成，然后输出各结点的数据。

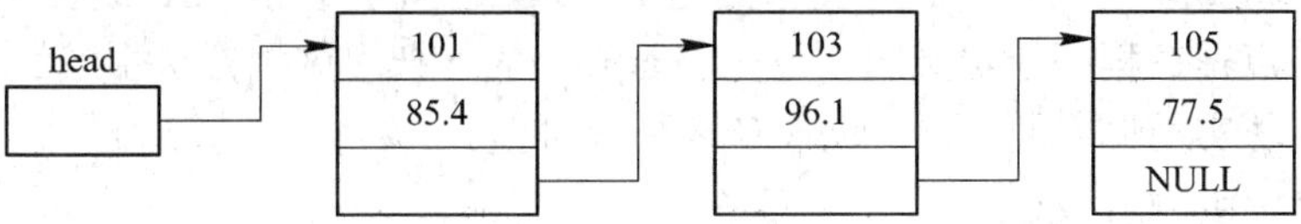

图 10-3　简单链表

源程序：

```
#include "stdio.h"
struct node                          /*定义结构体类型*/
{
    int num;                         /*学号*/
    float score;                     /*成绩*/
    struct node *next;               /*指向 struct node 类型的指针变量*/
};
void main( )
{
    struct node   a,b,c,*head,*p;
    a.num=101;
    a.score=85.4;
    b.num=103;
    b.score=96.1;
```

```
        c.num=105;
        c.score=77.5;
        head=&a;
        a.next=&b;
        b.next=&c;
        c.next=NULL;
        p=head;
        do
        {
            printf("学号： %d 成绩：%5.2f\n",p->num,p->score);
            p=p->next;}
        while(p!=NULL);
    }
```

运行结果：

```
学号： 101 成绩：85.40
学号： 103 成绩：96.10
学号： 105 成绩：77.50
```

在主函数中定义 3 个结构体类型的变量 a、b、c，对每个变量的前两个成员赋值，头指针 head 中存放第一个变量的地址，第一个变量的 next 成员中存放第二个变量的地址，第二个变量的 next 成员中存放第三个变量的地址，最后一个变量的 next 成员中存放 NULL。本程序链表结点是在程序中定义的，不是临时开辟的，把用这种方法生成的链表称为静态链表。当然，从实用性方面考虑，动态链表更有价值。

2．动态存储分配函数

为建立动态链表，C 语言提供了一些内存管理函数，这些内存管理函数可以按需要动态地分配内存空间，也可把不再使用的空间回收待用，为有效地利用内存资源提供了手段。

常用的内存管理函数有以下 3 个。

1) 分配内存空间函数 malloc()

调用形式：(类型说明符*) malloc(size)；

功能：在内存的动态存储区中分配一块长度为“size”字节的连续区域。函数的返回值为该区域的首地址。

说明：“类型说明符”表示该区域用于存放何种数据类型。“(类型说明符*)”表示把返回值强制转换为该类型指针。“size”是一个无符号数。示例如下：

```
pc=(char *) malloc (sizeof(char));
```

该语句表示分配一个字节的内存空间，并强制转换为字符类型，函数的返回值为指向该字节的指针，把该指针赋予指针变量 pc。

2) 分配内存空间函数 calloc()

calloc()也用于分配内存空间。

调用形式：(类型说明符*) calloc(n,size)；

功能：在内存动态存储区中分配 n 块长度为“size”字节的连续区域。函数的返回值为该区域的首地址。

说明：“(类型说明符*)”用于强制类型转换。calloc()函数与 malloc()函数的区别仅在于，前者一次可以分配 n 块区域。示例如下：

```
ps=(struct stu*) calloc(2,sizeof (struct stu));
```

其中的“sizeof(struct stu)”是求 stu 的结构体长度。因此该语句的意思是：按 stu 的长度分配两块连续区域，强制转换为 stu 类型，并把其首地址赋予指针变量 ps。

3) 释放内存空间函数 free()

调用形式：free(void *ptr);

功能：释放 ptr 所指向的一块内存空间。ptr 是一个任意类型的指针变量，它指向被释放区域的首地址。被释放区应是由 malloc()或 calloc()函数所分配的区域。

【例 10.8】 分配一块区域，输入一个学生数据。

源程序：

```
#include "stdlib.h"
#include "stdio.h"
void main( )
{
    struct stu                      /*定义结构体类型*/
    {   int num;                    /*学号*/
        char *name;                 /*姓名*/
        char sex;                   /*性别*/
        float score;                /*成绩*/
    } *ps;
    ps=(struct stu*)malloc(sizeof(struct stu));      /*申请内存区，使 ps 指向该区域*/
    ps->num=102;
    ps->name="Zhang ping";
    ps->sex='M';
    ps->score=82.5;
    printf("Number=%d \nName=%s \n",ps->num,ps->name);
    printf("Sex=%c \nScore=%f \n",ps->sex,ps->score);
    free(ps);                       /*释放 ps 指向的内存空间*/
}
```

运行结果：

```
Number=102
Name=Zhang ping
Sex=M
Score=82.500000
```

本例中，首先定义了结构体类型 stu，又定义了 stu 类型指针变量 ps。然后分配一块 stu 结构体大小的内存区，并把首地址赋予 ps，使 ps 指向该区域。再利用 ps 对各成员赋值，并用 printf ()函数输出各成员值。最后用 free()函数释放 ps 指向的内存空间。整个程序包含了申请内存空间、使用内存空间和释放内存空间 3 个步骤，实现了存储空间的动态分配。

10.5.2 对链表的基本操作

对链表常用的操作主要包括创建、插入、删除和输出等。

1. 创建链表

从无到有建立起一个链表，即往空链表中依次插入若干结点，并保持结点之间的前驱和后继关系。

【例 10.9】 编写一个 create()函数，按照规定的结点结构，创建一个单链表。

基本思路：首先向系统申请一个结点的空间，然后输入结点数据域中的数据项，并将指针域置为空(链尾标志)。接下来，继续申请空间、创建新结点，并将新结点插入到链表尾。对于链表的第一个结点，还要设置头指针变量。

本题中设 3 个指针变量 head、p 和 q，分别说明如下：

head：头指针变量，指向链表的第一个结点，用作函数返回值。

p：指向新申请的结点。

q：p 的前驱结点，用 q->next=p 实现。

源程序：

```
#include "stdio.h"
#include "malloc.h"
#define   NULL   0
#define   LEN sizeof(struct student)            /*定义结点长度*/
struct   student                                /*定义结点结构*/
{    int num;                                   /*学号*/
     float   score;                             /*成绩*/
     struct   student   *next;                  /*指针域*/
};
struct   student *create()                      /*create()函数: 创建单链表*/
{
     struct student *head=NULL, *p, *q;
     int count=0;                               /*链表中的结点个数(初值为 0)*/
     p=q=(struct student *)malloc(LEN);         /*向系统申请一新结点空间*/
     scanf("%d%f",&p->num,&p->score);
     while((p->num)!=0)                         /*如果学号为 0，则退出*/
     {    count++;                              /*结点个数加 1*/
          if(count==1) head=p;                  /*p 指向的若为第 1 个结点，则将 p 放入 head 中*/
          else   q->next=p;                     /*q 为 p 的前驱结点*/
          q=p;                                  /*申请新结点之前，将 p 保留到 q 中*/
          p=(struct student *)malloc(LEN);      /*向系统申请新结点放入 p 中*/
```

```
        scanf("%d%f",&p->num,&p->score);
    }
    q->next=NULL;
    return(head);                              /*返回单链表的头指针*/
}
```

2. 插入操作

在结点 a 与 b 之间插入一个新的结点 x。插入前，结点 a 是结点 b 的前驱结点，结点 b 是结点 a 的后继结点；插入后，新插入的结点 x 成为结点 a 的后继结点、结点 b 的前驱结点。结点插入前的链表如图 10-4 所示，结点插入后的链表如图 10-5 所示。

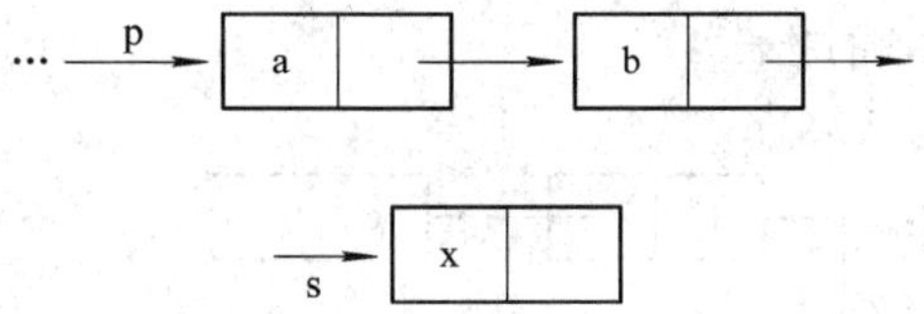

图 10-4　结点插入前的链表

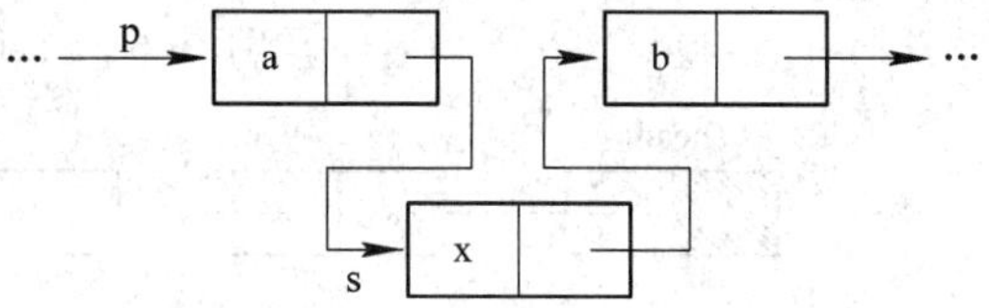

图 10-5　结点插入后的链表

其关键算法如下：

```
s->next =p->next;           /*结点 a 的后面结点 b 连在 x 后面*/
p->next=s;                  /*使新结点 x 插入在找到结点 a 的后面*/
```

【例 10.10】 编写一个 insert()函数，完成在单链表的第 i 个结点后插入一个新结点的操作。当 i=0 时，表示新结点插入到第一个结点之前，成为链表新的首结点。

源程序：

```
struct student *insert(struct student *head,struct student *stu,int i)
{
    struct student *pointer;
    if(head==NULL)                          /*若为空链表*/
        head=stu, stu->next=NULL;           /*将新结点插入到空链表中*/
    else                                    /*非空链表*/
        if(i==0) stu->next=head,   head=stu;    /*使新结点成为链表新的首结点*/
    else                                    /*其他位置*/
      {     pointer=head;                   /*查找单链表的第 i 个结点(pointer 指向它)*/
                for(; pointer!=NULL && i>1; pointer=pointer->next, i--)
            if(pointer==NULL)               /*越界错*/
                printf("Out of the range, can't insert new node!\n");
            else                            /*一般情况：pointer 指向第 i 个结点*/
            stu->next=pointer->next, pointer->next=stu;
      }
    return(head);
}
```

本程序通过单链表的头指针，首先找到链表的第一个结点，然后顺着结点的指针域找到第 i 个结点，最后将新结点插入到第 i 个结点之后。head 为单链表的头指针，stu 指向要插入的新结点，i 为结点索引号。

3. 删除操作

删除结点 x。删除前，结点 x 是结点 b 的前驱结点、结点 a 的后继结点；删除后，结点 a 成为结点 b 的前驱结点，结点 b 成为结点 a 的后继结点。结点删除前的链表如图 10-6 所示。结点删除后的链表如图 10-7 所示。

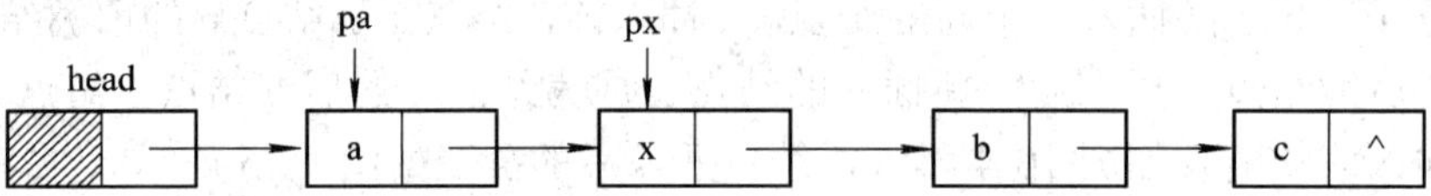

图 10-6　结点删除前的链表

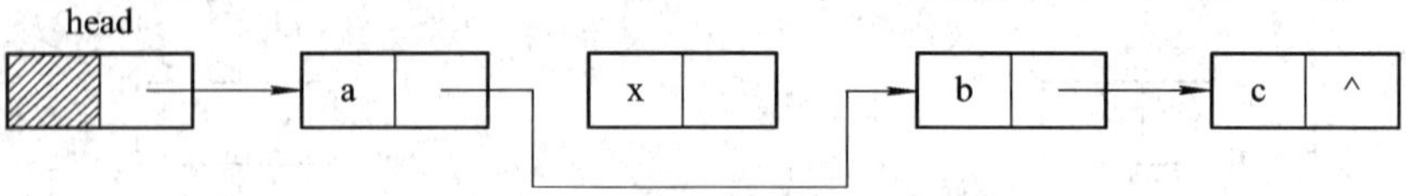

图 10-7　结点删除后的链表

其关键算法如下：

```
pa->next=px->next;    /*删除当前指针 px 指向要删除的结点 x*/
free(px);             /*释放结点 x 占用的空间*/
```

【例 10.11】　编写一个 dele ()函数，删除链表中学号为 num 的指定结点。

源程序：

```
struct  student  *dele(struct  student  *head, int num)
{
    struct  student  *pf, *pb;
    if(head==NULL)              /*若为空表，则输出提示信息*/
    {
        printf("\nempty list!\n");
        return head;
    }
    pb=head;
    while (pb->num!=num && pb->next!=NULL)
      /*当前结果不是要删除的结点，而且也不是最后一个结点时，继续循环*/
    {   pf=pb;
        pb=pb->next;
    }
        /*pf 指向当前结点，pb 指向下一结点*/
    if(pb->num==num)
    {   if(pb==head)
            head=pb->next;
```

```
        /*如找到被删结点，且为第一结点，则使 head 指向第二个结点，否则使 pf 所指结点的指
          针指向下一结点的后续结点*/
            else    pf->next=pb->next;
            free(pb);
            printf("The node is deleted\n");
        }
        else printf("The node not been found!\n");
        return head;
    }
```

本程序首先判断链表是否为空，为空则不可能有被删结点；若不为空，则使 pb 指针指向链表的第一个结点。然后进入 while 语句后逐个查找被删结点。找到被删结点之后再看是否为第一结点，若是则使 head 指向第二结点(即把第一结点从链中删去)；否则使被删结点的前一结点(pf 所指)指向被删结点的后一结点(被删结点的指针域所指)；如果循环结束未找到要删的结点，则输出“未找到”的提示信息。最后返回 head 值。

4. 输出链表

依次输出链表结点数据比较容易，首先知道 head 头指针的值，设一个指针变量 p，先指向第一个结点，输出 p 所指的结点，然后使 p 后移一个结点，再输出，直到链表的尾结点。

【例 10.12】　输出链表。

源程序：

```
void output (struct student *head)
{
    struct student *p;
    p=head;
    if(head!=NULL)
    do
    {    printf("%d %5.1f\n",p->num,p->score);
         p=p->next;
     } while(p!=NULL);
}
```

10.6　共用体和枚举类型

10.6.1　共用体

共用体类型的定义与结构体类型的定义类似，格式如下：

union　共用体类型名

```
{    成员列表; };
```

定义共用体类型变量的方法如下：

(1) 间接定义：先定义类型、再定义变量。

例如，定义 data 共用体类型变量 un1、un2、un3 的语句如下：

```
union   data
{    int i;
     char ch;
     float f;
};
union   data   un1, un2, un3;
```

(2) 直接定义：定义类型的同时定义变量。

```
union   [data]
{    int i;
     char ch;
     float f;
}    un1, un2, un3;
```

注意：

- 共用体变量占用的内存空间等于最长成员的长度，而不是各成员长度之和。
  例如，共用体变量 un1、un2 和 un3 占用的内存空间均为 4 字节(不是 2+1+4=7 字节)。
- 共用体变量的引用与结构体变量一样，也只能逐个引用共用体变量的成员。
  例如，访问共用体变量 un1 各成员的格式为 un1.i、un1.ch、un1.f。
- 系统采用覆盖技术实现共用体变量各成员的内存共享。在某一时刻，存放的和起作用的是最后一次存入的成员值。
  例如，执行"un1.i=1,un1.ch='c',un1.f=3.14"后，un1.f 才是有效的成员。
- 由于所有成员共享同一内存空间，故共用体变量与其各成员的地址相同。
  例如，&un1 = &un1.i = &un1.ch = &un1.f。
- 不能对共用体变量进行初始化(注意：对结构体变量可以初始化)；也不能将共用体变量作为函数参数，以及使函数返回一个共用数据，但可以使用指向共用体变量的指针。

【例 10.13】 某学校体育课百米考核规定：男生为考试课，记录时间精确到 0.1 秒。女生为考查课，按通过和不通过记分。成绩在同一栏目中表示。

分析：设定一个结构体 student，含学号、姓名、性别和共用体 data 4 个成员项。其中共用体含两个成员项：

```
char   tf;        /*用于女生，表示是否通过，通过 T、不通过 F*/
float   cj;       /*用于男生，记录跑百米的时间*/
```

源程序：

```
#include "stdio.h"
#define N 4
struct student                          /*定义学生信息结构体类型*/
```

```
{
    int num;                          /*结构体成员项：学号*/
    char name[8];                     /*结构体成员项：姓名*/
    char sex;                         /*结构体成员项：性别*/
    union data                        /*定义共用体类型*/
    {   char tf;                      /*共用体成员项：是否通过*/
        float cj;                     /*共用体成员项：成绩*/
    }st;                              /*定义共用体变量*/
}a[N];                                /*定义结构体数组，用于记录每个学生的信息*/
void main()
{
    int i;
    float x;
    printf("input num and name and sex and score:\n");
    for(i=0;i<N;i++)
    {   scanf("%d%s  %c ",&a[i].num,&a[i].name,&a[i].sex);  /*输入学号、姓名、性别*/
        if(a[i].sex=='M')             /*如果是男生*/
        {   scanf("%f",&x);           /*输入成绩，此处要借助变量 x*/
            a[i].st.cj=x;}            /*将输入的成绩赋值给共用体成员项 a[i].st.cj*/
    else
        scanf("%c",&a[i].st.tf);      /*是女生，输入是否通过*/
    }
    printf("No\tname\tsex\tscore\n");  /*打印表头*/
    for(i=0;i<N;i++)
    {   if(a[i].sex!='M')
            printf("%d\t%s\t%c\t%c\n",a[i].num,a[i].name,a[i].sex,a[i].st.tf);
        if(a[i].sex=='M')
            printf("%d\t%s\t%c\t%.1f\n",a[i].num,a[i].name,a[i].sex,a[i].st.cj);
    }
}
```

运行结果：

```
input num and name and sex and score:
1 ZHANG M 11.2
2 QIAN WT
3 QIAN M 11.3
4 LI WF
No      name    sex     score
1       ZHANG   M       11.2
2       QIAN    W       T
3       QIAN    M       11.3
4       LI      W       F
```

10.6.2　枚举类型

枚举类型的定义格式如下：

```
enum    枚举类型名    {取值表};
```

例如，enum　weekdays {Sun, Mon, Tue, Wed, Thu, Fri, Sat}；。

枚举类型变量的定义与结构体变量类似。示例如下：

```
enum    weekdays
        {Sun, Mon, Tue, Wed, Thu, Fri, Sat } workday;
```

注意：

- 枚举类型仅适应于取值有限的数据。
- 取值表中的值称为枚举元素，其含义由程序解释。
  例如，不是因为写成“Sun”就自动代表“星期天”。事实上，枚举元素用什么表示都可以。
- 枚举元素作为常量是有值的，定义时的顺序号从 0 开始，枚举元素可以进行比较，比较规则是序号大者为大。
  例如，上例中的 Sun=0、Mon=1、…、Sat=6，则 Mon>Sun，Sat 最大。
- 枚举元素的值也可以人为改变，在定义时由程序指定。
  例如，若有定义“enum weekdays {Sun=7, Mon=1, Tue, Wed, Thu, Fri, Sat};”，则 Sun=7，Mon=1，从 Tue=2 开始，依次增 1。

10.7　定义已有类型的别名

在 C 语言中，可以用 typedef 关键字为系统已经有的数据类型定义别名，该别名与标准类型名一样，可以用来定义相应的变量。例如：

```
typedef   int    INTEGER;   /*指定别名 INTEGER 代表 int*/
typedef   float   REAL;     /*指定别名 REAL 代表 float*/
```

例如，“INTEGER x,y;”等价于“int x,y;”，“REAL a,b;”等价于“float a,b;”。

也可以声明一个新的别名 DATE 代表一个结构体类型。示例如下：

```
typedef struct date
{    int month;
     int day;
     int year;
}DATE;
```

下面可以用 DATE 定义变量，其形式如下：

```
DATE birthday;                /*定义结构体变量*/
DATE *p;                      /*指向 DATE 结构体类型的指针变量*/
```

本 章 小 结

通过本章的学习，读者应掌握以下内容：

(1) 结构体类型。结构体是一种构造类型，它是由若干成员组成的。每一个成员既可以是一个基本数据类型，也可以是一个构造类型。

(2) 结构体变量。结构体变量和其他变量一样，先定义后使用。有 3 种定义形式：① 先定义结构体类型，再定义结构体变量；② 在定义结构体类型的同时定义结构体变量；③ 直接定义结构体变量。

(3) 结构体成员的引用。结构体变量一般不能整体引用，需要引用到成员，结构体成员与普通变量的用法相同。结构体成员有 3 种引用形式：① 结构体变量名.成员名；② (*结构体指针变量).成员名；③ 结构体指针变量->成员名。

(4) 链表。链表作为一种常用的、能够实现动态存储分配的数据结构，链表中各元素在内存中可以不连续存放。

(5) 共用体。在共用体中，各成员共享一段内存空间，一个共用体变量的长度等于各成员中最长的长度。

(6) 定义已有类型的别名。可以用 typedef 关键字为系统已经有的数据类型定义别名。

上 机 实 验

一、实验目的

(1) 掌握结构体变量的引用与初始化。

(2) 掌握结构体数组的应用。

(3) 掌握指向结构体类型的指针变量的应用。

二、实验内容

1．验证性实验

(1) 分析并运行下面的程序，给出运行结果。

```
#include "stdio.h"
typedef union
{   long i;
    int k[3];
    char c;
}DATE;
struct date
{   int cat;
    DATE cow;
```

```
    double dog;
}too;
void main( )
{    printf("%d    %d\n",sizeof(DATE),sizeof(too));}
```

(2) 阅读并分析下面的程序，上机运行并给出运行结果。

```
#include <stdio.h>
#include <stdlib.h>
void main()
{    struct stu
        {  int num;
           char *name,sex;
           float score;
        } *ps;
     ps=(struct stu*)malloc(sizeof(struct stu));
     ps->num=102;
     ps->name="张海";
     ps->sex='M';
     ps->score=62.5;
     printf("Number=%d    Name=%s\n",ps->num,ps->name);
     if (ps->sex=='M') printf("sex: 男");
     else if (ps->sex=='F')   printf("sex: 女");
     printf("Score=%f\n",ps->score);
}
```

2．设计性实验

(1) 给定程序中函数的功能是：将形参 std 所指结构体数组中年龄最大者的数据作为函数值返回，并在 main()函数中输出。请将程序补充完整。

```
#include    <stdio.h>
typedef  struct
{   char  name[10];
    int  age;
}STD;
STD fun(STD  std[], int  n)
{   STD  max;         int  i;
    _________= *std;
    for(i=1; i<n; i++)
        if(max.age<std[i].age)   _________;
    return max;
}
void main( )
```

```
{
    STD   std[5]={"aaa",17,"bbb",16,"ccc",18,"ddd",17,"eee",15   };
    STD   max;
    max=fun(std,5);
    printf("\nName : %s,     Age :   %d\n", max.name, __________);
}
```

(2) 学生的记录由学号和成绩组成，N 名学生的数据已放入主函数的结构体数组 s 中，请将函数 fun()补充完整。函数功能是：按分数的高低排列学生的记录，高分在前。

```
#include      <stdio.h>
#define    N    8
typedef    struct
{    char    num[10];
     int     s;
} STREC;
void fun( STREC    a[] )
{    STREC tmp;
     int i,j;
     for(i = 0; i < N; i++)
       for(j = i+1; j < N; j++)
          if(a[i].s <__________)    { tmp = a[i]; a[i] = a[j];__________;}
}
void main()
{   STREC   s[N]={{"GA005",85},{"GA003",76},{"GA002",69},{"GA004",85},
     {"GA001",91},{"GA007",72},{"GA008",64},{"GA006",87}};
     int    i;
     fun( s );
     for(i=0;i<N; i++)
          printf("%s    %4d    ",s[i].num,s[i].s);
}
```

练　习　题

一、选择题

1．当说明一个结构体变量时，系统分配给它的内存是(　　)。

A) 各成员所需内存量的总和　　B) 结构体中第一个成员所需内存量

C) 成员中占内存量最大者所需的容量　　D) 结构体中最后一个成员所需内存量

2．对以下说明语句，叙述不正确的是(　　)。

```
struct   stu
```

```
{
    int a ;
    float b;
} stutype;
```

A) struct 是结构体类型的关键字　　B) struct stu 是用户定义结构体类型名
C) stutype 是用户定义的结构体类型名　　D) a 和 b 都是结构体成员名

3. 以下 scanf()函数调用语句中对结构体变量成员的引用不正确的是(　　)。

```
struct pupil
{
    char name[20];
    int age;
    char sex;
} pup[5],*p=pup;
```

A) scanf("%s",pup[0].name);　　B) scanf("%d",&pup[0].age);
C) scanf("%c",&(p->sex));　　D) scanf("%d",p->age);

4. 对结构体变量 std 中的成员 age 引用方式不正确的是(　　)。

```
struct student
{   int age;
    int num;
} std, *p=&std;
```

A) std.age　　B) p->age　　C) (*p).age　　D) *p.age

5. 以下程序段的输出结果是(　　)。

```
struct cmplx
{   int x;
    int y;
}cnum[2]={1,3,2,7};
printf("%d\n ",cnum[0].y/cnum[0].x*cnum[1].x);
```

A) 0　　B) 1　　C) 3　　D) 6

6. 以下程序段的输出结果是(　　)。

```
typedef union
{   long x[2];
    int y[4] ;
    char z[8];
} MYTYPE;
MYTYPE them;
printf("%d\n ",sizeof(them));
```

A) 32　　B) 16　　C) 8　　D) 24

7. 以下程序段输出结果是(　　)。

```
union un
```

```
{
    int a;
    char c[2];
} w;
w.c[0]= 'A';
w.c[1]= 'a';
printf("%x\n ",w.a);
```

A) 65　　B) 41　　C) 4161　　D) 6141

8．以下选项中，能定义 s 为合法的结构体变量的是(　　)。

A)
```
typedef struct abc
{   double a;
    char b[10];
}s;
```

B)
```
struct
{   double a;
    char b[10];
}s;
```

C)
```
struct ABC
{   double a;
    char b[10];
}
ABC s;
```

D)
```
typedef ABC
{   double a;
    char b[10];
}
ABC s;
```

9．某结构体变量定义如下，对该结构体变量中元素的引用形式正确的是(　　)。

```
struct a
{
    int x;
    char ch;
}ss, *p;
p=&ss;
```

A) ss->x　　B) (*p). ch　　C) p.ch　　D) *p.x

10．有下列程序，运行时若从键盘输入 abc□def↙，则输出结果是(　　)。

```
#include <stdlib.h>
#include <stdio.h>
void main( )
{
    char *p,*q;
    p=(char*)malloc(sizeof(char)*20);
    q=p;
    scanf("%s%s",p,q);
    printf("%s□□%s\n",p,q);
}
```

A) def　def　　B) abc　def　　C) abc　d　　D) d

二、填空题

1．以下程序的运行结果是__________。

```
#include    <stdio.h>
struct n
{
    int x;
    char c;
};
void func ( struct n b)
{
    b.x*=b.x; b.c+=2;
    printf("%d,%c" ,b.x, b.c);
}
void main()
{
    struct n a;
    a.x=10; a.c='x'; func(a);
    printf("%d,%c",a.x,a.c);
}
```

2．以下程序段的运行结果是__________。

```
#include    <stdio.h>
void main()
{   struct s
    {   int a ;
        float b;
        char *c;
    } x={19,83.5, "zhang "};
struct s *px=&x;
printf("%d %lf %s\n ",x.a,x.b,x.c);
printf("%d %lf %s\n ",px->a, (*px).b, px->c);
printf("%c %s\n ", * px->c-1, &px->c[1]);
}
```

3．以下程序输出结果是__________。

```
#include    <stdio.h>
struct  stu
{   int  x ;
    int  *y;
} *p;
int  dt[4]={ 10 , 20 , 30 , 40 };
```

```
struct  stu  a[4]={50 , &dt[0] , 60 , &dt[1] , 70 , &dt[2] , 80 , &dt[3] } ;
void main()
{
    p=a;
    printf("%d," , ++p->x);
    printf("%d," , (++p)->x );
    printf("%d\n" , ++(*p->y) );
}
```

三、编程题

1．定义一个结构体类型，成员包括职工号、姓名、性别、年龄、工资和地址。定义结构体指针和数组，数组含 4 个元素，用初始化方式赋值并输出。

2．存储一个班级的学生姓名，然后输入一位学生的姓名，查找该人是否是该班的学生。

3．读入班级学生人数、每位学生学号和 4 门功课成绩，计算全班每位学生 4 门功课的平均成绩。

4．有 4 位学生，每位学生包括学号、姓名、成绩，要求找出成绩最高者的学号和姓名。

第 11 章　文　　件

本章要点

- 文件的概念;
- 文件指针;
- 文件的打开和关闭;
- 文件的读写操作。

学习方法建议

正确理解本章的文件概念，清楚 ASCII 文件、二进制文件的区别。重点掌握文件类型指针的含义，文件的打开与关闭以及文件的读写操作。

11.1　引　　例

1．问题描述——将短句“Hello World!”写入文件

把短句“Hello World !”保存到磁盘文件 fl.txt 中。

2．引例分析

运行程序后，在应用程序所在的目录下新建一个 fl.txt 文件，可以用记事本(或其他文本编辑工具)打开文件查看，文件内容是“Hello World!”。

3．程序代码

源程序：

```
#include "stdio.h"
#include "process.h"                        /*包含过程控制函数的头文件*/
/*把字符串“Hello World!”保存到文件 f1.txt 中*/
void main()
{
    FILE *fp;                               /*定义文件指针*/
    if((fp=fopen("f1.txt","w"))==NULL)      /*打开文件*/
    {   printf("Cannot open this file !");
```

```
        exit(0);                        /*调用过程控制函数 exit()，终止当前运行的程序*/
    }
    printf("%s","Hello World!\n");
    fprintf(fp,"%s","Hello World!\n");  /*将"Hello World !"写入文件 f1.txt 中*/
    fclose(fp);                         /*关闭文件*/
}
```

4. 程序说明

程序实现了把数据写入到文件中的功能，主要涉及文件指针 fp、打开文件、关闭文件和文件写入等操作。

接下来介绍有关文件的操作。

11.2　C 语言文件概述

11.2.1　文件的概念

1. 文件与文件名

文件是指存放在外部存储介质上的数据集合，操作系统一般都是以文件为单位对数据进行存储与处理的。当要读取外部介质(如磁盘)上的数据时，先要按文件名找到该数据所在的文件，然后再从该文件中读取所要的数据；反之，当要往外部介质上存储数据时也要建立文件，然后再通过它存储数据。C 语言中的文件有两层含义，一是指上述磁盘上的文件，除了这种文件外，还把外部输入/输出设备(如键盘、显示器、打印机等)也看作一种特殊的文件。

为了标识一个文件，每个文件都必须有一个文件名，其一般结构如下：

　　主文件名[.扩展名]

其中，主文件名和扩展名的命名规则都要遵循操作系统的规定。

2. 文件分类

(1) 根据文件的内容，可将文件分为程序文件和数据文件。

注意：

- 程序文件是一维的、连续的、无结构的字符序列，可以看成是由一条无结构的记录组成的文件。程序文件又可分为源文件、目标文件和可执行文件。
- 数据文件是带有结构的、性质相同的记录的集合。每个记录由若干个数据项组成，数据项是最基本的不可分割的数据单位，也是文件中可以操作的最小数据单位。

(2) 根据文件的组织形式，可将文件分为顺序存取文件和随机存取文件。

注意：

- 顺序存取文件是指文件中各记录写入的顺序、存放的顺序和读出的顺序三者是一致的。
- 随机存取文件其所有记录等长，各记录相应的数据项的长度也相同，按记录号进行存取，可直接读写任一条记录。

(3) 根据文件的存储形式，可将文件分为 ASCII 码文件和二进制文件。

注意：

- ASCII 文件也称为文本文件，这种文件在磁盘中存放时每个字符对应一个字节，用于存放对应的 ASCII 码。这类文件便于对字符进行逐个处理，但是占用存储空间较多，而且要花费一定的转换时间(二进制与 ASCII 码之间的转换)。
- 二进制文件是按二进制的编码方式来存放文件的，可以节省存储空间和转换时间，但每个字节并不对应一个字符，不能直接输出字符形式。

3. 文件指针

文件指针在 C 语言中用一个指针变量指向一个文件，这个指针称为文件指针。通过文件指针可以对它所指向的文件进行各种操作。

定义文件指针的一般形式如下：

FILE　*指针变量标识符；

注意：

- FILE 应为大写，它实际上是由系统定义的一个结构，该结构中含有文件名、文件状态和文件当前位置等信息，在编写源程序时不必关心 FILE 结构的细节。

示例如下：

```
FILE *fp;
```

其中，fp 是指向 FILE 结构的指针变量。首先通过 fp 即可找到存放某个文件信息的结构变量，然后按结构变量提供的信息找到该文件并实施对文件的操作。

11.2.2　ANSI C 的缓冲文件系统

所谓缓冲文件系统是指系统自动地在内存区为每个正在使用的文件开辟一个缓冲区。从内存向磁盘输出数据时，必须首先输出到缓冲区中，待缓冲区装满后，再一起输出到磁盘文件中。从磁盘文件向内存读入数据时则正好相反，首先将一批数据读入到缓冲区中，再从缓冲区中将数据逐个送到程序数据区。缓冲区的使用提高了存取文件的效率。

所谓非缓冲文件系统是指系统不自动开辟确定大小的缓冲区，而由程序为每个文件设定缓冲区。

接下来介绍 ANSI C 规定的缓冲文件系统以及对它的读写操作。

11.3　文件的打开与关闭

对文件进行操作之前，应该先打开该文件，使用结束后应关闭该文件，以免数据丢失。

11.3.1　文件的打开——fopen()函数

所谓打开文件实际上就是建立一个相关的流，程序需要通过这个流来存取该文件，流控制着对数据的存取方式。如果某个文件在程序试图打开它时并不存在，那么就先建立它，然后再打开它。ANSI C 规定了标准输入/输出函数库，用 fopen()函数打开一个文件，其一般调用格式如下：

```
FILE  *fopen("文件名", "操作方式");
```

参数说明如下：

(1) “文件名”是指要打开(或创建)的文件名，如果使用字符数组或字符指针，则不使用双引号。

(2) “操作方式”如表 11-1 所示。

该函数的功能是返回一个指向文件的指针。

表 11-1　文件的操作方式及含义

方式	含　义	备　注
r	为读打开一个文本文件，只允许读数据	文件必须已存在
w	为写创建或打开一个文本文件，只允许写数据	若文件已存在则被覆盖
a	为追加打开一个文本文件，可在文件末尾追加数据	文件必须已存在
rb	为读打开一个二进制文件，只允许读数据	文件必须已存在
wb	为写创建或打开一个二进制文件，只允许写数据	若文件已存在则被覆盖
ab	为追加打开一个二进制文件，可在文件末尾追加数据	文件必须已存在
r+	为读/写打开一个文本文件，允许读/写数据	文件必须已存在
w+	为读/写创建或打开一个文本文件，允许读/写数据	若文件已存在则被覆盖
a+	为读/写打开一个文本文件，允许读/写或追加数据	文件必须已存在
rb+	为读/写打开一个二进制文件，允许读/写数据	文件必须已存在
wb+	为读/写创建或打开一个二进制文件，允许读/写数据	若文件已存在则被覆盖
ab+	为读/写打开一个二进制文件，允许读/写或追加数据	文件必须已存在

示例如下：

```
FILE  *fp;
fp=fopen("file.txt", "r");
```

其中，“r”表示以“只读”的文件操作方式打开 file.txt 文件，fopen()函数返回指向 file.txt 文件的指针并赋值给 fp，这样 fp 就指向文件 file.txt。如果不能实现打开指定文件的操作，则 fopen()函数返回一个空指针 NULL。

常用下面的方法打开一个文件。

```
if((fp=fopen("file1.txt","r"))==NULL)
{    printf("can not open this file\n");
     exit(0);
}
```

注意：

- 上面程序如果返回的指针为空，表示不能打开 file1.txt 文件，则给出提示信息“can not open this file”。
- exit()函数功能是关闭已打开的所有文件，结束程序运行，返回操作系统并将“程序状态值”返回给操作系统。

11.3.2　文件的关闭——fcolse()函数

当一个文件使用完毕后就应该关闭它。关闭文件实际上就是关闭与该文件相关联的流，当文件关闭时，与其流相关的缓冲区先将数据输出到磁盘文件，然后才释放文件指针变量，防止了数据的丢失。ANSI C 用 fclose()函数关闭一个文件，其调用格式如下：

fclose(文件指针);

该函数的功能是关闭文件指针所指向的文件。如果正常关闭了文件，则函数返回值为 0；否则，返回值为非 0。示例如下：

```
fclose(fp);          /*关闭 fp 所指向的文件*/
```

11.4　文件的读写操作

文件打开后，就可以对它进行读与写的操作。所谓读文件，是指将磁盘文件中的数据传送到计算机内存的操作；写文件是指从计算机内存向磁盘文件中传送数据的操作。下面介绍常用的读写函数。

11.4.1　读写字符

1. 写字符——fputc()函数

fputc()函数的调用格式如下：

fputc(字符数据，文件指针);

参数说明：“字符数据”可以是一个字符常量，也可以是一个字符变量。

函数功能：将“字符数据”输出到“文件指针”所指向的文件中去。如果输出成功，则函数返回值就是输出的字符数据；否则，返回一个符号常量 EOF(其值在头文件 stdio.h 中被定义为−1)。

【例 11.1】　将从键盘上输入的一个字符串(以“@”作为结束字符)以 ASCII 码形式存储到一个磁盘文件 aa.txt 中。

源程序：

```
#include "stdio.h"
#include "process.h"
void main()
{
    FILE *fp;
    char ch;
    if ((fp=fopen("aa.txt","w"))==NULL)      /*打开文件失败*/
    {   printf("can not open this file\n");
        exit(0);
```

```
    }
    for( ; (ch=getchar()) != '@' ; )
        fputc(ch,fp);                       /*将字符存储到文件中*/
    fclose(fp);                             /*关闭文件*/
}
```

2. 读字符——fgetc()函数

fgetc()函数的调用格式如下：

    fgetc(文件指针);

函数功能：从“文件指针”所指向的文件中读入一个字符并将其作为返回值。如果在读字符时遇到文件结束符，则函数返回一个文件结束标志 EOF(即-1)。

示例如下：

```
ch=fgetc(fp);
```

该语句表示从文件指针 fp 所指向的文件中读一个字符赋值给 ch。

【例 11.2】 顺序显示例 11.1 创建的磁盘 ASCII 码文件。

源程序：

```
#include "stdio.h"
#include "process.h"
void main()
{
    FILE *fp;
    char ch;
    if ((fp=fopen("aa.txt","r"))==NULL)
        {   printf("can not open source file\n");
            exit(0);
    }
    for(; (ch=fgetc(fp))!=EOF; )            /*顺序读入文件的内容*/
        putchar(ch);                 /*输出文件的内容*/
    fclose(fp);                             /*关闭文件*/
}
```

aa.txt 是例 11.1 中已经建立的文件。如果文件 aa.txt 没有建好，则程序会提示“can not open source file”，也就是读文件时，源文件必须是事先已经存在的。

3. EOF 与库函数 feof()

关于符号常量 EOF，在对 ASCII 码文件执行读入操作时，如果遇到文件尾，则读操作函数返回一个文件结束标志 EOF(其值在头文件 stdio.h 中被定义为 -1)。但是在对二进制文件执行读入操作时，因为读入某一个字节中的二进制数据的值有可能是 -1，这就与 EOF 的值互相冲突了，为了解决这个问题，ANSI C 又提供了库函数 feof()来判断是否遇到文件尾。

feof()函数在执行读文件操作时，如果遇到文件尾，则函数返回逻辑真；否则，返回逻辑假。feof()函数同时适用于 ASCII 码文件和二进制文件。

示例如下：

```
while(!feof(input))
{
    c=fgetc(input);
        ⋮
}
```

当源文件未结束时，feof(input)的值为 0，循环继续，直到遇文件结束即 feof(input)的值为 1，不再执行循环。

4. 读写字符程序举例

【例 11.3】 将一个磁盘文件中的信息复制到另一个磁盘文件中。

源程序：

```
#include "stdio.h"
#include "process.h"
void main( )
{
    FILE *in,*out;
    char infile[10],outfile[10];
    printf("Enter the infile name:\n");
    scanf("%s",infile);
    printf("Enter the outfile name:\n");
    scanf("%s",outfile);
    if((in=fopen(infile, "r"))==NULL)
    {   printf("cannot open infile\n");
        exit(0);
    }
    if((out=fopen(outfile, "w"))==NULL)
    {   printf("cannot open outfile\n");
        exit(0);
    }
    while(!feof(in))   fputc(fgetc(in),out);
    fclose(in);
    fclose(out);
}
```

运行结果：

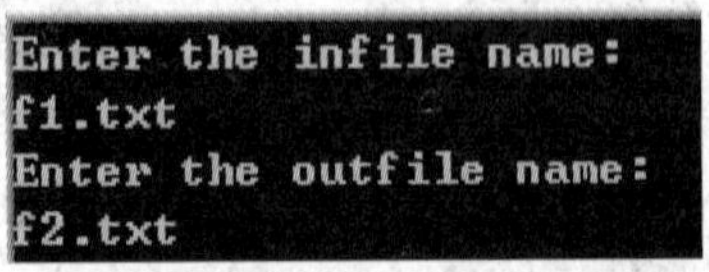

11.4.2　读写字符串

1. 写字符串——fputs()函数

fputs()函数的调用格式如下：

fputs(字符串，文件指针)；

参数说明："字符串"可以是一个字符串常量或是字符数组。

函数功能：向指定文件输出一个字符串。如果输出成功，则函数返回值为 0；否则为 EOF(即−1)。

【例 11.4】　将从键盘上输入的长度小于 20 的字符串写到文件 bb.txt 中。

源程序：

```
#include<stdio.h>
#include "process.h"
void main()
{
     FILE *fp;
     char st[20];
     if((fp=fopen("bb.txt","w"))==NULL)
     {    printf("Cannot open this file !");
          exit(0);
     }
     printf("input a string:\n");
     scanf("%s",st);                    /*输入一个字符串*/
     fputs(st,fp);                      /*将字符串写入到文件中*/
     fclose(fp);
}
```

2. 读字符串——fgets()函数

fgets()函数的调用格式如下：

char　*fgets(字符指针，串长度，文件指针)；

参数说明："字符指针"是读入字符串存放的位置；"串长度"是指一次从源文件读出字符的个数，如果串长度为 n，那么从源文件读出的字符数是 n−1，因为要包括字符串结束符'\0'。

函数功能：从指定文件中读入一个字符串，存入"字符指针"中，并在尾端自动加一个结束标志 '\0'；同时，将读写位置指针向前移动字符串长度个字节。如果在读入规定长度之前遇到文件尾 EOF 或换行符，则读入结束。

【例 11.5】　从给定的文件 cc.txt 中读入一个含 10 个字符的字符串。

源程序：

```
#include "stdio.h"
#include "process.h"
```

```
void main()
{
    FILE *fp;
    char str[11];
    if((fp=fopen("cc.txt","r"))==NULL)
    {   printf("Cannot open file strike any key exit!");
        exit(0);
    }
    fgets(str,11,fp);
    printf("%s",str);
    fclose(fp);
}
```

注意：

- 本程序的 fgets()函数中字符串的长度为 11，因为要包括'\0' 字符结束标志，因此实际上从文件中读出的是 10 个字符。

11.4.3 读写数据块

1. 写数据块——fwrite()函数

fwrite()函数的调用格式如下：

fwrite(void *buffer，int size，int count，FILE *fp)；

参数说明：buffer 是一个指针，是写入数据的起始地址，size 是要写入的字节数，count 是要写入 size 字节的个数，fp 是要写入的文件指针。

函数功能：从 buffer 开始，将大小为 size 字节的数据写入 count 次，然后将数据写入 fp 所指向的文件中。

2. 读数据块——fread()函数

fread()函数的调用格式如下：

fread(void *buffer，int size，int count，FILE *fp)；

参数说明：buffer 是一个指针，是读入数据的起始地址，size 是要读出的字节数，count 是要读出 size 字节的个数，fp 是要读出的文件指针。

函数功能：从 fp 所指向文件的当前位置开始，一次读出 size 个字节，重复 count 次，并将读出的数据存放到从 buffer 开始的内存中。

【例 11.6】 从键盘输入 3 个学生的数据，写入一个文件中，再读出数据显示在屏幕上。

源程序：

```
#include "process.h"
#include<stdio.h>
struct stu
{   int num; char name[8]; int age; char addr[15];
} s[3],*p;
```

```
void main()
{    FILE *fp;    int i;
     p=s;
     if((fp=fopen("stu.txt","wb"))==NULL)
     {    printf("Cannot open file!"); exit(0);    }
     printf("Input data:\n");
     for(i=0;i<3;i++,p++)
         scanf("%d%s%d%s",&p->num,p->name,&p->age,p->addr);
     p=s;
     fwrite(p,sizeof(struct stu),3,fp);                    /*写数据*/
     fclose(fp);
     if((fp=fopen("stu.txt","rb"))==NULL)
      {     printf("Cannot open file!"); exit(0); }
     fread(p,sizeof(struct stu),3,fp);                     /*读数据*/
     for(i=0;i<3;i++,p++)
         printf("%5d %8s %3d %s\n",p->num,p->name,p->age,p->addr);
     fclose(fp);
}
```

运行结果：

```
Input data:
101 Wangli 24 Beijing
102 Qujing 30 Liaoning
103 Fengyu 29 Jilin
  101    Wangli   24 Beijing
  102    Qujing   30 Liaoning
  103    Fengyu   29 Jilin
```

11.4.4　对文件进行格式化读写

fscanf()函数、fprintf()函数与 scanf()函数、printf()函数的功能相似，都是格式化读写函数，区别在于 fscanf()和 fprintf()函数的操作对象是指定文件，而 scanf()和 printf()函数的操作对象是标准输入(stdin)和标准输出(stdout)。

1. 格式化输出——fprintf()函数

fprintf()函数的调用格式如下：

　　fprintf(文件指针，格式符，输出参量表);

参数说明：“文件指针”是指将“输出参量表”的内容输出到文件指针所指向的文件中，“格式符”与“输出参量表”的定义与 printf()函数相同。

函数功能：将“输出参量表”的内容按照“格式符”的要求输出到指定的文件中。

2. 格式化输入——fscanf()函数

fscanf()函数的调用格式如下：

　　fscanf(文件指针，格式符，输入变量首地址表);

参数说明：“文件指针”是指将要读出数据的文件的指针，“格式符”与“输入变量首地址表”的定义与 scanf()函数相同。

函数功能：将文件指针对应的文件中的数据按照“格式符”的要求输入到“输入变量首地址表”中。

【例 11.7】 用 fscanf()和 fprintf()函数完成例 11.6 的功能。

源程序：

```
#include "process.h"
#include<stdio.h>
struct stu
{    int num; char name[8]; int age; char addr[15]; } s[3],*p;
void main()
{    FILE *fp; int i;
     p=s;
     if((fp=fopen("stu.txt","w"))==NULL)             /*写方式打开文件*/
     { printf("Cannot open file!"); exit(0); }
     for(i=0;i<3;i++,p++)                            /*从键盘输入数据，写到文件中*/
     {scanf("%d%s%d%s",&p->num,p->name,&p->age,p->addr);
       fprintf(fp,"%5d %8s %3d %s\n",p->num,p->name,p->age,p->addr);}
       fclose(fp);
       if((fp=fopen("stu.txt","r"))==NULL)           /*读方式打开文件*/
       { printf("Cannot open file!"); exit(0); }
       p=s;                                          /*恢复指针*/
       for(i=0;i<3;i++,p++)                          /*从文件中读出数据，屏幕显示*/
           {   fscanf(fp,"%5d %8s %3d %s",&p->num,p->name,&p->age,p->addr);
               printf("%5d %8s %3d %s\n",p->num,p->name,p->age,p->addr); }
       fclose(fp);}
```

11.5　位置指针与文件定位

文件中有一个读写位置的指针用于指向当前的读写位置，每次读写一个(或一组)数据后，系统自动将位置指针移动到下一个读写位置上，如果想改变系统的这种读写规律，则可使用有关文件定位的函数。

11.5.1　位置指针复位——rewind()函数

rewind()函数的调用格式如下：

```
rewind(文件指针);
```

函数功能：使文件的位置指针返回到文件头。

11.5.2　随机读写——fseek()函数

对流式文件既可以顺序读写，也可随机读写，关键在于控制文件的位置指针。所谓顺序读写是指读写完当前数据后，系统自动将文件的位置指针移动到下一个读写位置上；随机读写是指读写完当前数据后，可通过调用 fseek()函数，将位置指针移动到文件中任何一个地方。

fseek()函数的调用格式如下：

　　fseek(文件指针，位移量，参照点);

参数说明如下：

(1) 参照点：用 0(文件头)、1(当前位置)和 2(文件尾)表示。在 ANSI C 标准中，还规定了下面的名字：

SEEK_SET——文件头；

SEEK_CUR——当前位置；

SEEK_END——文件尾。

(2) 位移量：以参照点为起点，向前(当位移量>0 时)或向后(当位移量<0 时)移动的字节数，在 ANSI C 标准中，要求位移量为 long int 型数据。

函数功能：将指定文件的位置指针从参照点开始，移动指定字节数。fseek()函数一般用于二进制文件。

【例 11.8】　读出 stu.txt 文件中第 2 个学生的数据。

源程序：

```
#include "process.h"
#include<stdio.h>
struct stu
{    int num; char name[8]; int age; char addr[15];
} s[3],*p;
void main()
{    FILE *fp; int i;
     p=s;   i=1;
     if((fp=fopen("stu.txt","rb"))==NULL)
     {    printf("Cannot open file!"); exit(0); }
     fseek(fp,i*sizeof(struct stu),0);
     /*移动文件内部指针到第 2 个数据位置*/
     fread(p,sizeof(struct stu),1,fp);
     printf("%5d %8s %3d %s\n",p->num,p->name,p->age,p->addr);
     fclose(fp);
}
```

运行结果：

```
 102   Qujing  30 Liaoning
```

11.5.3 返回文件当前位置——ftell()函数

由于文件的位置指针可以任意移动，而且也经常移动，人们往往不容易知道当前位置。ftell()函数可以解决这个问题，能够得到流式文件的当前位置。

ftell()函数的调用格式如下：

ftell(文件指针);

函数功能：返回文件位置指针的当前位置(用相对于文件头的位移量表示)。如果返回值为-1L，则表明调用出错。

示例如下：

```
offset=ftell(fp);
if(offset==-1L)printf(" ftell() error\n");
```

11.6 出 错 检 测

11.6.1 ferror()函数

在调用输入输出库函数时出错，除了函数返回值有所反映外，也可利用 ferror()函数来检测。

ferror()函数的调用格式如下：

ferror(文件指针);

函数功能如下：

(1) 如果函数返回值为 0，则表示未出错；如果返回一个非 0 值，则表示出错。

(2) 对同一文件，每次调用输入输出函数均产生一个新的 ferror()函数值，因此在调用了输入输出函数后应立即检测，否则出错信息会丢失。

(3) 在执行 fopen()函数时，系统将 ferror()的值自动置为 0。

11.6.2 clearerr()函数

clearerr()函数的调用格式如下：

clearerr(文件指针);

函数功能：将文件错误标志(即 ferror()函数的值)和文件结束标志(即 feof()函数的值)置为 0。对同一文件，只要出错就一直保留，直至遇到 clearerr()函数或 rewind()函数或其他任何一个输入/输出库函数。

本 章 小 结

通过本章的学习，读者应掌握以下内容：

(1) 文件。文件是指存储在外部介质上的数据集合。数据是以文件的形式存储在外部介质上的(如磁盘)；操作系统一般都是以文件为单位对数据进行存储与处理的。

(2) 文件分类。

① 按文件的内容，将文件分为程序文件和数据文件。

② 按文件的组织方式，将文件分为顺序存取文件和随机存取文件。

③ 按文件的存储形式，将文件分为 ASCII 码文件和二进制文件。

(3) 文件指针。文件指针是指向结构体类型的指针，该结构体类型由系统定义，取名 FILE，其中存放着文件的名字、文件状态、文件大小以及文件位置等信息。

(4) 文件的打开。对一个文件进行操作以前，必须要打开该文件并使文件指针指向文件。文件打开操作使用库函数 fopen( )来完成。

(5) 文件的关闭。文件的关闭就是使文件指针变量不指向该文件。用 fclose 函数关闭文件。

(6) 文件的读写函数。本章介绍了写字符函数 fputc( )、读字符函数 fgetc( )、写字符串函数 fputs( )、读字符串函数 fgets( )、写数据块函数 fwrite( )、读数据块函数 fread( ) 、格式化输出函数 fprintf( )、格式化输入函数 fscanf( )等多种文件的读写函数，应该掌握它们的用法。

(7) 文件定位。文件定位是指文件中的读写位置指针。在读写一个文件时，每次执行一个读写操作后，将自动移动到下一个待读写的位置。有移动文件位置指针函数 fseek( )、获取文件位置指针值函数 ftell( )、位置指针复位函数 rewind( )这几种。

上 机 实 验

一、实验目的

(1) 掌握文件的打开和关闭。

(2) 掌握文件的读写操作。

二、实验内容

1．验证性实验

(1) 下面的程序执行后，文件 data.txt 中的内容是__________。

```
#include<stdio.h>
#include "string.h"
func(char *name,char *st)
{
    FILE *f;int i;
    f=fopen(name,"w");
    for(i=0;i<strlen(st);i++)
        fputc(st[i], f);
    fclose(f);
}
```

```
void main()
{
    func ("data.txt","new    world");
    func("data.txt","China");
}
```

(2) 从键盘上输入一个字符串(若有大写字母还需要转换成小写字母)，然后存入文件 data.txt 中，输入的字符以“#”号结束。请运行此程序，观察程序运行结果。

```
#include "process.h"
#include<stdio.h>
void main()
{
    FILE *fp;
    char str[80];
    int i=0;
    if((fp=fopen("data.txt","w+"))==NULL)
    {     printf("can't open file\n");
          exit(0);}
    gets(str);
    while(str[i]!='#')
    {    if(str[i]>= 'A'&&str[i]<= 'Z')     str[i]=str[i]+32;
         fprintf(fp,"%c",str[i]);
         i++;}
    fclose(fp);
}
```

2．设计性实验

(1) 以下程序中，用户从键盘输入一个文件名，然后输入一串字符(用#结束输入)存放到此文件中，形成文本文件，并将字符的个数写到文件尾部。请将程序补充完整。

```
#include "process.h"
#include<stdio.h>
void main()
{
    FILE *fp;
    char ch,fname[32];int count=0;
    printf("input the filename:\n");
    scanf("%s",fname);
    if((fp=fopen(__________, "w+"))==NULL)
    {    printf("can't open file:%s\n",fname);
         exit(0);
    }
```

```
    printf("enter data:\n");
    while((ch=getchar())!='#')
    {   fputc(__________,fp);
        __________;
    }
    fprintf(fp, "\n%d\n",count);
    fclose(fp);
}
```

(2) 以下程序的功能是：把从终端读入的 5 个整数以二进制方式写到一个名为 bit.dat 的新文件中。请将程序补充完整。

```
#include "process.h"
#include<stdio.h>
FILE *fp;
void main()
{
    int i, num[5];
    if ((fp=fopen(__________, "wb")) ==NULL )
        exit(0);
    for(i=0;i<5;i++)
    {   scanf("%d",&num[i]);
        fwrite(&num,sizeof(int),1, __________);
    }
    fclose(fp);
}
```

练　习　题

一、选择题

1．若要用 fopen()函数打开一个新的二进制文件，该文件要既能写又能读，则文件方式字符串应该是(　　)。

A) "ab+"　　B) "wb+"　　C) "rb+"　　D) "ab"

2．fp 是一个文件指针，且已读到文件末尾，则库函数 feof(fp)的返回值是(　　)。

A) EOF　　B) −1　　C) 非 0 值　　D) NULL

3．函数调用形式："fread(buffer,size,count,fp);"，其中 buffer 代表的是(　　)。

A) 一个整型变量，代表要读入的数据项总数。

B) 一个文件指针，指向要读的文件。

C) 一个指针，指向要读入数据的存放地址。

D) 一个存储区，存放要读的数据项。

4．fscanf()函数的正确调用形式是(　　)。

A）fscanf(文件指针，格式字符串，输出表列)

B）fscanf(格式字符串，输出表列，文件指针)

C）fscanf(格式字符串，文件指针，输出表列)

D）fscanf(文件指针，格式字符串，输入表列)

5．fwrite()函数的一般调用形式是(　　)。

A）fwrite(buffer,count,size,fp);　　B）fwrite(fp,size,count,buffer);

C）fwrite(fp,count,size,buffer);　　D）fwrite(buffer,size,count,fp);

6．fgetc()函数作用是从指定文件读入一个字符，该文件的打开方式必须是(　　)。

A）只写　　B）追加

C）读或读写　　D）答案 B 和 C 都正确

7．函数调用语句“fseek(fp,-13L,1)”的含义是(　　)。

A）将文件位置指针移到距离文件头 13 个字节处。

B）将文件位置指针从文件尾处向后退 13 个字节。

C）将文件位置指针从当前位置向后移动 13 个字节。

D）将文件位置指针移到离当前位置 13 个字节处。

8．设有以下结构体类型：

```
struct st
{    char name[8];
       int num;
       float s[4];
} student[50];
```

并且结构体数组 student 中的元素都已经赋值，若要将这些元素写到磁盘文件 fp 中，则以下不正确的形式是(　　)。

A）fwrite(student,sizeof(struct st),50,fp);

B）fwrite(student,50*sizeof(struct st),1,fp);

C）fwrite(student, 25*sizeof(struct st),25,fp);

D）for(i=0;i<50;i++)

　　fwrite(student+i, sizeof(struct st),1,fp);

9．若以“a+”方式打开一个已存在的文件，则以下叙述正确的是(　　)。

A）文件打开时，原有文件内容不被删除，位置指针移到文件末尾，可作添加和读操作。

B）文件打开时，原有文件内容不被删除，位置指针移到文件开头，可作重写和读操作。

C）文件打开时，原有文件内容被删除，只可作写操作。

D）以上各种说法都不正确。

10．如果需要打开一个已经存在的非空文件“FILE”进行修改，则正确的打开语句是(　　)。

A）fp=fopen("FILE", "r");　　B）fp= fopen("FILE", "ab+");

C）fp=fopen("FILE", "w+");　　D）fp=fopen("FILE", "r+");

二、填空题

1．在 C 程序中，数据可用__________和__________两种代码形式存放。

2．设有以下结构体类型：

```
struct st
{   char name[10];
    int num;floats[5];
}student[60]={…};
```

并且结构体数组 student 中的元素都已经赋值，若要将这些元素写到磁盘文件 fp 中，请将 fwrite 语句补充完整：fwrite(student,__________,__________,fp);

3．下面程序用变量 count 统计文件中字符的个数，请填入恰当的内容。

```
#include "stdio.h"
void main( )
{
    FILE *fp;
    long count=0;
    if( (fp=fopen("letter.dat",___________) )= =NULL)
    {   printf("cannot open file\n");
        exit(0) ;
    }
    while( !feof( fp))
        { ___________; count++;}
    printf("count=%ld\n",count);
    fclose(fp);
}
```

4．有如下程序，若文本文件 data.txt 中原有内容为 Good，则运行程序后文件 data.txt 中的内容为__________。

```
#include<stdio.h>
void main()
{
    FILE *fp;
    fp=fopen("data.txt","w");
    fprintf(fp, " english");
    fclose(fp);
}
```

5．以下程序的输出结果和文件 data.txt 中的内容分别是__________和__________。

```
#include<stdio.h>
void main()
{
    FILE *fp;int i,k=0,n=0;
```

```
    fp=fopen("data.txt","w");
    for(i=1;i<5;i++)
        fprintf(fp, " %d",i);
    fclose(fp);
    fp=fopen("data.txt","r");
    fscanf(fp, " %d%d",&k,&n);
    printf("%d,%d\n",k,n);
    fclose(fp);
}
```

6．已有文本文件 data.txt，其内容为 GoodChina!，则以下程序输出结果是__________。

```
#include<stdio.h>
void main()
{
    FILE *fr ;
    char str[40];
    fr=fopen("data.txt","r");
    fgets(str,5,fr);
    printf("%s\n",str);
    fclose(fr);
}
```

三、编程题

1．从磁盘输入 5 个学生数据(包括学号、姓名、3 门课程成绩)，计算出总成绩，存储到磁盘文件 student 中并显示在屏幕上。

2．将题 1 student 文件中的学生数据，按总分进行降序处理，并将排序后的数据保存到文件 student1 中。

3．有两个磁盘文件 AA 和 BB，要求将这两个文件中的内容合并到文件 CC 中，并显示在屏幕上。

附录 1　常用字符与 ASCII 代码对照表

码值	字符	码值	字符	码值	字符	码值	字符
0	NUL(空)	32	空格	64	@	96	`
1	SOH(文件头开始)	33	!	65	A	97	a
2	STX(文件开始)	34	"	66	B	98	b
3	ETX(文件结束)	35	#	67	C	99	c
4	EOT(传输结束)	36	$	68	D	100	d
5	END(询问)	37	%	69	E	101	e
6	ACK(确认)	38	&	70	F	102	f
7	BEL(响铃)	39	'	71	G	103	g
8	BS(后退)	40	(	72	H	104	h
9	HT(水平跳格)	41	)	73	I	105	i
10	LF(换行)	42	*	74	J	106	j
11	VT(垂直跳格)	43	+	75	K	107	k
12	FF(格式馈给)	44	,	76	L	108	l
13	CR(回车)	45	-	77	M	109	m
14	SO(向外移出)	46	.	78	N	110	n
15	SI(向内移入)	47	/	79	O	111	o
16	DLE(数据传送换码)	48	0	80	P	112	p
17	DC1(设备控制 1)	49	1	81	Q	113	q
18	DC2(设备控制 2)	50	2	82	R	114	r
19	DC3(设备控制 3)	51	3	83	S	115	s
20	DC4(设备控制 4)	52	4	84	T	116	t
21	NAK(否定)	53	5	85	U	117	u
22	SYN(同步空闲)	54	6	86	V	118	v
23	ETB(传输块结束)	55	7	87	W	119	w
24	CAN(取消)	56	8	88	X	120	x
25	EM(媒体结束)	57	9	89	Y	121	y
26	SUB(减)	58	:	90	Z	122	z
27	ESC(退出)	59	;	91	[	123	{
28	FS(域分隔符)	60	<	92	\	124	|
29	GS(组分隔符)	61	=	93	]	125	}
30	RS(记录分隔符)	62	>	94	^	126	~
31	US(单元分隔符)	63	?	95	_	127	DEL

附录 2　运算符的优先级及其结合性

<table>
<tr><th>优先级</th><th>运算符</th><th>名　称</th><th>结合性</th></tr>
<tr><td>1</td><td>( )
[ ]
->
.</td><td>圆括号
下标运算符
指向结构体成员运算符
结构体成员运算符</td><td>自左至右</td></tr>
<tr><td>2</td><td>!
~
++
−−
−
(类型)
*
&
sizeof</td><td>逻辑非运算符
按位取反运算符
增 1 运算符
减 1 运算符
负号运算符
类型转换运算符
指针运算符
取地址运算符
长度运算符</td><td>自右至左</td></tr>
<tr><td>3</td><td>*
/
%</td><td>乘法运算符
除法运算符
取模运算符</td><td>自左至右</td></tr>
<tr><td>4</td><td>+
−</td><td>加法运算符
减法运算符</td><td>自左至右</td></tr>
<tr><td>5</td><td><<
>></td><td>左移运算符
右移运算符</td><td>自左至右</td></tr>
<tr><td>6</td><td><　<=　>　>=</td><td>关系运算符</td><td>自左至右</td></tr>
<tr><td>7</td><td>==
!=</td><td>等于运算符
不等于运算符</td><td>自左至右</td></tr>
<tr><td>8</td><td>&</td><td>按位与运算符</td><td>自左至右</td></tr>
<tr><td>9</td><td>^</td><td>按位异或运算符</td><td>自左至右</td></tr>
<tr><td>10</td><td>|</td><td>按位或运算符</td><td>自左至右</td></tr>
<tr><td>11</td><td>&&</td><td>逻辑与运算符</td><td>自左至右</td></tr>
<tr><td>12</td><td>||</td><td>逻辑或运算符</td><td>自左至右</td></tr>
<tr><td>13</td><td>? :</td><td>条件运算符</td><td>自右至左</td></tr>
<tr><td>14</td><td>=　+=　-+　*=　/=　%=
>>=　<<=　&=　^=　|=</td><td>赋值运算符</td><td>自右至左</td></tr>
<tr><td>15</td><td>,</td><td>逗号运算符</td><td>自左至右</td></tr>
</table>

附录 3　常用的 C 库函数

1. 输入输出函数 stdio.h

函数名称	功　能	用　法
scanf	用于格式化输入	int scanf(char * format[,argument,…])
printf	产生格式化输出	int printf(char * format…)
putch	输出字符到控制台	int putch(int ch)
putchar	从标准输出文件输出字符	int putchar(int ch)
getchar	从标准输入文件读入一个字符	int getchar(void)
fclose	关闭 fp 所指向的文件，释放文件缓冲区	int fclose(fp)
feof	检查文件是否结束	int feof(fp)
fgetc	从 fp 指向的文件中取一个字符	int fget(fp)
fgets	从 fp 指向的文件中取一个长度为 n-1 的字符串，存入到以 buf 为起始地址的存储区中	char * fgets(buf,n,fp)
fopen	以 mode 指定的方式打开以 filename 为文件名的文件	file *open(filename,mode)
fprintf	将 args 的值以 format 指定的格式输出到 fp 所指向的文件中	int fprintf(fp,format,arg,…)
fputc	将字符 ch 输出到 fp 指向的文件中	int fputc(ch,fp)
fputs	将 str 指向的字符串输出到 fp 所指向的文件中	int fputs(str,fp)
fread	从 fp 指向的文件中读长度为 size 的 n 个数据项，存放在 fp 所指向的存储区中	int fread(pt,size,n,fp)
fscanf	从 fp 指向的文件中按 format 规定的格式将输入的数据存入到 args 所指向的内存中	int fscanf(fp,format,args,…)
fseek	将 fp 所指向的文件的指针移到以 base 所指向的位置为基准，以 offset 为位移量的位置	int fseek(fp,offset,base)
getw	从 fp 指向的文件中读取下一个字	int getw(fp)
putw	将一个字输出到 fp 所指向的文件中	int putw(w,fp)
open	以 mode 设定的方式打开已经保存的名为 filename 的文件	int open (filename, mode)
rewind	将 fp 指向的文件的位置指针设置为文件开头位置，并清除文件结束标志和错误标志	void rewind(fp)
write	从 buf 指向的缓冲区输出 count 个字符到 fp 所指向的文件中	int write (fd,buf,count)

2．数学函数 math.h

函数名称	功　能	用　法
sin	计算 sin(x)的值	double sin(double x)
cos	计算 cos (x)的值	double cos (double x)
exp	计算 e 的 x 次方	double exp (double x)
fabs	计算 x 的绝对值	double abs(double x)
fmod	计算整数 x/y 的余数	double fmod(x,y)
ceil	计算不小于 x 的最小整数	double ceil (x)
floor	计算不大于 x 的最大整数	double floor (x)
pow	计算 x 的 y 次方	double pow (x,y)
sqrt	计算 x 的平方根	double sqrt (x)
tan	计算 tan(x)的值	double tan (double x)

3．字符函数 ctype.h

函数名称	功　能	用　法
isalnum	检查变量 ch 是否为数字或字母	int isalnum(ch)
isalpha	检查 ch 是否为字母	int isalpha (ch)
isdigit	检查 ch 是否为数字(0～9)	int isdigit (ch)
isgragp	检查 ch 是否为可打印字符(其 ASCII 码值为 0x21～0x7e, 不含空格)，若是，则函数返回值为 1，否则为 0	int isgragp (ch)
islower	检查 ch 是否为小写字母，若是，则返回值为 1，否则返回值为 0	int islower (ch)
isupper	检查 ch 是否为大写字母，若是，则返回值为 1，否则返回值为 0	int isupper (ch)
tolower	将 ch 字符转换为小写字符	int tolower (ch)
toupper	将 ch 字符转换为大写字符	int toupper (ch)

4．字符串函数 string.h

函数名称	功　能	用　法
strcat	将字符串 str2 接到 str1 后面，str1 字符串后面的 '\0' 自动取消	char * strcat(str1,str2)
strcmp	比较两个字符串： str1<str2，返回值为负数； str1=str2，返回值为 0； Str1<str2，返回值为正数	int strcmp (str1,str2)
strcpy	将 str2 指向的字符串拷贝到 str1 中	char * strcpy(str1,str2)
strlen	计算字符串 str 的长度(不包含 '\0')，返回值为字符的个数	unsigned int strlen(str)

5. 动态存储分配函数 conio.h

函数名称	功　能	用　法
calloc	分配 n 个大小为 size 字节的连续内存空间	void * calloc (n, size)
free	释放 p 所占有内存空间	void free(p)
malloc	分配连续 size 个字节的内存空间	void * malloc (size)

参 考 文 献

[1] 郭晓利. C 语言程序设计实用教程. 西安: 西安电子科技大学出版社，2015.

[2] 谭浩强. C 语言程序设计. 5 版. 北京: 清华大学出版社，2017.

[3] 谭浩强. C 程序设计试题汇编. 3 版. 北京: 清华大学出版社，2012.

[4] 李忠儒，郭晓利. C 语言简明教程. 大连: 大连理工大学出版社，2010.

[5] KELLEY A，POHL I. C 语言教程. 北京: 机械工业出版社，2015.

[6] 教育部考试中心组编. C 语言程序设计. 北京: 清华大学出版社，2017.

[7] 何钦铭，颜晖. C 语言程序设计. 北京: 高等教育出版社，2018.

[8] 颜晖. C 语言程序设计实验指导. 北京: 高等教育出版社，2016.

[9] 教育部考试中心. 全国计算机等级考试 2 级教程: C 语言程序设计(2012 年版). 北京: 高等教育出版社，2012.

[10] 谭浩强. C 程序设计学习辅导. 4 版. 北京: 清华大学出版社，2017.

[11] 全国计算机等级考试命题研究中心编著. 全国计算机等级考试一本通: 2 级 C 语言. 北京: 人民邮电出版社，2019.